K.G. りぶれっと No. 35

アメリカ航空宇宙産業で学ぶミクロ経済学

宮田由紀夫 ［著］

関西学院大学出版会

はしがき

　本書はアメリカ航空宇宙産業を題材としてミクロ経済学を学ぶ、テキストブックです。ミクロ経済学というのは、個々の消費者や企業の行動を分析し、その総計としての特定の市場・産業の分析を行うことです。リンゴの市場の需要と供給を分析したり、自動車産業でどの企業が強いかを分析したりすることです。これに対してマクロ経済学では国全体での生産高（国内総生産、GDP）や失業や物価水準のことを分析します。本書はミクロ経済学のうちの消費者理論はカバーしませんが、アメリカの航空宇宙産業を題材として企業理論・産業論の理解を深めてほしいと思います。

　なぜ、本書のコンセプトを思いついたかといえば、筆者は関西学院大学国際学部で「アメリカ産業技術論」という講義を担当しています。本来ならばミクロ経済学を学んだ学生諸君に履修してほしいのですが、カリキュラム編成上、それを強制することはできません。そこで、ミクロ経済学の基礎知識を産業論の講義の中で説明できるテキストブックが欲しいと思っていました。とくに航空宇宙産業を選んだのはアメリカの花形産業であり、国際競争力を維持している産業だからです。同時に、軍用機も民間機もメーカーの数が減り、売り込みでは不正も起こる産業です。市場での価格競争が必ずしも機能しません。「このような産業を対象にしてテキストを書くな」というご意見も聞こえてきそうですが、特殊なだけにさまざまなトピックスを語ることが可能です。また、日本では関連企業が多く裾野の広い航空宇宙産業を次世代のリーディング産業にすべきとの意見もありますが、売手も買手も減って、政治がらみの売り込みが必要な産業なので、必ずしも狙うべき産業でないことを示唆したいと思います。

　Part 1 ではアメリカ航空宇宙産業の通史を説明します。Part 2 ではミクロ経済学的に重要なテーマを航空宇宙産業の事例から説明します。

　本書のような、自画自賛ですが「ユニークな」テキストブックの執筆ができるのは、安定した職場があるからです。そのきっかけを作っていただ

いた山下博先生（大阪大学・大阪産業大学名誉教授）と高橋哲雄先生（甲南大学・大阪商業大学名誉教授）に御礼申し上げます。図表で「筆者作成」となっているところは実際には、宮田ゼミ生の大原康聖君にアルバイトで作ってもらいました。力作に感謝します。また、シアトルへの家族旅行の際、限られた時間の中、ボーイング社工場や航空博物館の見学（筆者にはそれぞれ2度目の訪問！）を許してくれた、妻琴と息子圭に感謝しなければなりません。

　最後になりましたが、関西学院大学出版会の田中直哉さんと松下道子さんには、大変お世話になりました。感謝いたします。

　　2013年7月

　　　　　　　　　　　　　　　　　　　　　　　　　　　　宮田由紀夫

目　次

はしがき　3

Part 1　アメリカ航空宇宙産業　その通史　7

 1　ライト兄弟の成功 8
 2　戦間期の発展 12
 3　航空機メーカーの創業 16
 4　政府の役割 24
 5　第2次世界大戦中の生産 27
 6　ジェット・ロケットエンジンの登場 30
 7　ジェット旅客機の時代 34
 8　ジャンボジェットとボーイング社の一人勝ち ... 38
 9　航空宇宙産業の発展 44
 10　戦闘機メーカーの興亡 48
 11　エアバス対ボーイング 58

 Column 1　航空機の名称 65
 Column 2　ライト兄弟とスミソニアン協会 66
 注目の歴代航空機　　　68

Part 2　アメリカ航空宇宙産業の経済学的分析　71

 1　イノベーションと科学と技術 72
 2　技術の進歩 76
 3　企業の盛衰 79

4	特許の役割	84
5	公共財としての知識の供給	90
6	規模の経済性・範囲の経済性・習熟効果	93
7	製品設計におけるモジュラー型とインテグラル型	98
8	垂直統合・非統合	102
9	政府からの受注	107
10	航空会社の役割	112
11	売手独占・買手独占	118
12	産業政策の是非	121
13	企業連携・水平合併	128
14	産業集積	135

Column 3	ロッキード事件	141
Column 4	FSX 問題	142

参考文献　144

Part 1

アメリカ航空宇宙産業 その通史

1　ライト兄弟の成功

　人類は鳥のように空を飛びたいという夢を長い間、持っていました。鳥のように飛ぶイメージから、人類は羽ばたくことを試みてきましたがうまくいきませんでした。昆虫はもちろん、小刻みに羽ばたくというのは軽く小さい鳥です。鳥でも大きな鳥（鷲、鷹、白鳥など）は重いので、あまり羽ばたかず翼を拡げて滑空します。人間も羽ばたいていては空中にとどまれません。産業革命以降、蒸気機関の動力は向上しましたが、羽ばたきで機体を持ち上げる航空機の開発は成功しませんでした。理論的に証明したわけではありませんが、19世紀後半には多くの失敗例から、羽ばたき型でなく今日のハンググライダーの実験が盛んに行われるようになります。しかし、ハングラインダーのパイオニアだった、ドイツのリリエンタール（Otto Lilienthal）は1896年に墜落して死亡してしまいます。
　欧米で多くのアントレプレニュアー（起業家）が航空機の開発に関心を持つようになります。気球や飛行船のような空気より軽い気体を使って浮かぶ「軽航空機」でなく、空気より重いものを自由に操縦できる「重航空機」の開発を目指します。彼らは必ずしも金もうけを目指したわけではなく、一番乗りの栄誉を求めて競いました。アメリカではオハイオ州デイトンのライト兄弟が航空機に関心を持っていました。兄ウィルバー（Wilbur Wright）と弟オービル（Orville Wright）は、まず、印刷屋さらに自転車屋として生計を立てますが、幼い時からの航空機への夢を捨てきれずに開発に挑みます。
　一方、首都ワシントンではラングレー（Samuel Langley）がスミソニアン協会の支援を受けて有人飛行の実現を目指していました。イギリスの貴族で化学者だったスミソン（James Smithson）が、イギリスの貴族社会にはなじめず、「50万ドル（2000年の水準では約850万ドル）を寄付す

るのでアメリカの科学の振興に使ってほしい」と遺言して亡くなりました。その遺志で1846年に設立されたのがスミソニアン協会ですから、政府資金といえます。ただ、ラングレー自身は大学を出ていないにもかかわらず、ハーバード大学の天文台のスタッフに採用されたところから地位を高めて、スミソニアン協会会長（肩書は"Secretary"ですが、アメリカでは省庁長官［大臣］も"Secretary"ですから実質的なトップです）にまでなった人物です。その権威を活用し、協会から2万3000ドルを得て、さらに、陸軍からも5万ドルの支援を得ていました。この点では、ラングレーは公的支援を得たエリートで、ライト兄弟は個人発明家という構図になります。ウィルバーはのちに「自分たちは1000ドル程度しか使わなかった」と述べていましたので、ラングレーの70分の1足らずだったわけです。

　ライト兄弟は、航空機の飛行の成功のカギは操縦性だと考えていました。ですから、動力をつけないグライダーでの飛行実験を繰り返します。それまでのグライダーは操縦者が機体にぶら下がる形でしたが、ライト兄弟は腹這いにします。これによって、空気抵抗が減り、足をつかないぶん、飛行時間も延び、ぶら下がるのに使っていた両手を翼の操作に使うことができるようになります。

　ラングレーは首都ワシントンのポトマック河に打ち上げ用の船を浮かべて実験を行いました。船上で行えば、風向が変わっても船の向きを変えることで打ち上げの方向を調整できるというメリットがありました。しかし、1903年の10月と12月、ラングレーの有人飛行の実験（ラングレーは高齢だったので助手がパイロット）は失敗に終わります。ラングレーの失敗の直後の、12月17日にライト兄弟がノースカロライナ州キティホークの海岸で初飛行に成功しました。

　ラングレーと異なり、ライト兄弟はグライダーの操作性を高めたうえで、エンジンの出力を高め、航空機を作ろうとしていました。ライト兄弟は、自転車屋であった経験から、方向を変えるためには機体を傾けることの重要性を認識していました（実際はウィルバーが鳥の飛ぶ姿を観察して思いつきました）。実は乗り物の中で、自転車・オートバイと航空機だけ

が車体を傾けて方向を変えるのです。最終段階ではエンジンもプロペラも既存のもので満足できるものはなく、また、開発してくれる会社もなかったので、自分たちで勉強して設計・開発・製造を行いました。

　空気より重い機体を自在に操ったという点で、ライト兄弟が人類初の飛行に成功したことには疑いの余地がありません。ただ、当時の新聞報道は必ずしも大きなものではありませんでした。飛行に成功した12月17日、最長の飛行時間も59秒でした。ライト兄弟の家族が地元の新聞に報告したのですが、「59分でなく、59秒ですか」と訊かれ、それほど熱狂的に支持されませんでした。ライト兄弟自身も特許が認められるまでは発明が盗まれるのを恐れて、一般公開飛行をしませんでした。飛行の成功そのものも、彼らの飛行テクニックに依存する面もありました。キティホークでは成功したのに、地元のデイトンでは成功しませんでした。冬のキティホークよりも夏のデイトンのほうが乾燥していて大気の比重が軽かったのでうまく飛ばなかったのです。それほど、当時の航空機は敏感なものだったのです。ライト兄弟の特許は1906年に認められ、*Scientific American*誌が4月7日号でライト兄弟を空気より重い有人初飛行として認定しました。

　特許を取得した後、ライト兄弟は公開飛行を積極的に行いました。1908年にはオービルがアメリカで、ウィルバーがフランスで公開飛行を行い、大きな注目を集めました。アメリカ陸軍から注文を受けることにも成功します。1909年には投資家からの誘いを受けて、ウィルバー社長、オービル副社長でライト航空会社が設立されました。

　ヨーロッパでは、ウィルバーの飛行以来、航空機熱が高まり、政府も積極的に支援をしました。一方、アメリカでは国（連邦政府）が特定の産業、技術を支援するという伝統がありませんでした。このため、第1次世界大戦が始まった時点では、アメリカはヨーロッパに後れを取ることになります。アメリカが伸び悩んだのは、特許係争に明け暮れていたからという説もあります（Part 2 §4参照）。

　しかし、もともとヨーロッパは航空機の開発で後発ではありませんでした。1799年にはイギリスのカイリー（George Cayley）が羽ばたき機を考

案しています。18世紀末にはフランスのモンテゴルファー兄弟（Joseph and Etienne Montegolfer）が空気を温める熱気球を発明しました。イギリスのキャベンディシュ（Henry Cavendish）は金属を酸に溶かして（空気より軽い気体である）水素を生成することに成功し、水素気球を可能にします。1797年には今日のパラシュートも発明されていました。1746年にイギリスの数学者ロビンズ（Benjamin Robins）がWhirling Arm（ワイヤのついた機体を棒の周りで回転させて飛行状態を再現し試験する装置）を発明しています。1871年にやはりイギリスのウェンハム（Francis Wenham）とブロウニング（John Browning）が風洞を発明しました。風洞というのはトンネルのような装置で、翼、模型の飛行機、のちには実物大の飛行機を置いて、プロペラで起こした風をあてて揚力や抗力を測定する、非常に重要な実験装置です。1890年にはフランスのアデル（Clement Ader）がプロペラをつけて有人で10センチほど浮いて飛行しましたが、操縦していなかったので「航空機」とはみなされませんでした。このようにヨーロッパは航空機への関心は高かったのですが、ライト兄弟のように理論と実験によるアプローチを取る人がおらず努力が空回りしている面もありました。ウィルバーの公開飛行が航空機のビジョン、イメージを与えてくれたので、急速に発達しました。

　1917年にアメリカが第1次世界大戦に参戦することになったとき、アメリカではすでに自動車産業が立ち上がっていましたので、その生産力を航空機生産に向ければ、「ヨーロッパの空はアメリカの航空機によって覆われる」と期待されていました。実際、自動車メーカーが設立したばかりの航空機産業に参入したのですが、生産はうまくいきませんでした。航空機は布と木材でつくられ、手作り品であったので、自動車の量産技術は活かされませんでした。

　それでも、第1次世界大戦で航空機の生産は拡大しました。ライト兄弟以降、1913年までに生産された飛行機は88機、政府が軍用機として買い上げたのは42機でしたが1917年には2000機を突破し1918年には1万4000機近くになりました。それが終戦後の1919年には682機、1920年に

は251機となりました。戦争が終ると政府からの注文が激減するとともに、政府保有の航空機が売りに出されたため、航空機の価格が暴落しました。当時はまだ民間旅客業からの需要があまりありませんでしたので、航空機メーカーは苦境に陥ります。

2 戦間期の発展

　第1次世界大戦後の苦境の中、航空機メーカーや航空運輸業の中からもむしろ政府が規制してくれたほうがありがたいという考えがでてきました。航空運輸は安全性に疑問があるので、利用者も増えず、投資も引き付けられなかったからです。1920年代、共和党政権下で商務長官だったフーバー（Herbert Hoover、のちに大統領）は官民協調路線を提唱していました。これは、企業任せにして独占状態を看過するのでもなく、政府が細かく規制をするのでもない、第3の方法の模索でした。企業側の意見も取り入れた緩い規制を定め、詳細は商務長官がケースバイケースで対応するというものです。また、航空業界を監督するため、航空省を作ることも検討されましたが、商務省の中の一部局でよいという意見が強くなり、さらにそのような部局そのものもなくても既存の部局で規制は可能だという方針になりました。

　こうして、1925年の航空郵便法において、航空郵便業務は政府直営でなく、認可を受けた民間企業が行うことになりました。翌26年には早くも自動車のフォード社が参入しました。すでに有名企業だったフォード社の参入は、航空業界に対する一般からの信頼を高めることになりました。同年、航空通商法が成立し、州をまたいだ航空運輸業が政府規制の対象となりました。州内だけの業務は州政府の管轄で、連邦政府は州際業務のみ

を監督できる、というのはアメリカの伝統でもありました。また、規制の大枠のみを定めたこの法案はフーバー長官の意見にも沿ったものでした。規制が行われることで、安全性に対する信頼が高まり、保険料が安くなり、そのことが民間からの投資を引きつけました。定期便は1922年から26年までの期間では民間企業による定期便路線は590キロあり、政府（郵便局）による路線が4800キロでしたが、1929年には旅客・郵便を合わせた定期便は4000万キロになりました。1926年には民間機生産が軍用機を上回りました。

　さらに、1929年に発足したフーバー政権のもと、ブラウン（Walter Brown）郵政長官は航空郵便の振興を航空運輸業発展の手段と考えていました。1930年の航空郵便法では、契約者を選ぶ基準が輸送距離・重量当たりのコストの低さから、郵便を運べる機体の容積に変わりました。これは、航空会社が大きな航空機を購入する誘因となり、また、大きなスペースは実際には旅客輸送に使われましたので、航空旅客業と旅客機生産の発展につながりました。

　1920年代末は、好景気の中、株式市場が活況で、投資資金が潤沢でした。この中で航空機メーカー、エンジンメーカー、航空運輸会社（航空会社）が合併し、巨大な企業集団を形成するようになります。航空機メーカーはエンジンを購入し、航空会社は航空機を購入していたわけで、このような売手・買手関係にある企業同士の合併を垂直合併（垂直統合）といいます。合併を審査する司法省も、垂直合併は水平合併（同業者同士の合併）ほど競争阻害性が大きくないとして認めていました。

　1930年の航空郵便法は巨大企業集団に有利に働くものでした。27の契約のうち24がトップ3の企業集団と結ばれました。ボーイング社、エンジンのプラット・アンド・ホイットニー（Pratt & Whitney、P&W）社、ユナイテッド航空を含むユナイテッド（United Aircraft and Transport）グループは最盛期には全航空輸送の3分の1を占め、ほぼ同じシェアを持つノースアメリカン（North American）グループは航空機メーカーのノースアメリカン社（ただし、その筆頭株主はGM）、エンジンも強かったカー

チス・ライト社、トランスコンチネンタル・アンド・ウェスタン航空を含んでいました。シェアが25％程度の3番手は、エヴィエーション（Aviation）グループでフェアチャイルド航空機やアメリカン航空を含みます。この3グループが航空運輸をほぼ完全に支配していました。

　ところが、大恐慌の中、1933年には民主党のルーズベルト（Franklin Roosevelt）政権と、民主党主導の議会が登場しました。民主党は共和党による航空行政は大企業に有利で、しかも行政と企業との間に癒着があると批判します。議会上院はブラック（Hugo Black）議員を長として民主党3人、共和党2人から成る調査委員会を立ち上げました。フーバー商務長官時代の部下だったマックラッケン（William MacCracken）元商務次官を証人喚問しようとしましたが、拒否されます。彼は企業側の顧問弁護士になっていたので、証拠隠滅を図り議会を侮辱した罪で10日間収監されました。

　1934年2月、ルーズベルト大統領は、航空郵便契約は腐敗しているとしてすべてを無効として、政府（陸軍航空隊）による航空郵便輸送に切り替えました。ところが、墜落事故が相次ぎ政権の面目はまるつぶれとなり、4月に民間会社に委託する形に戻さざるを得なくなりました。従前の契約企業は入札に参加できないことになりましたが、名称を変えればよいという抜け穴も設けました。経験のある企業でないと無理だったのです。たとえば、American Airways は American Airlines に、Eastern Air Transport は Eastern Airlines に改称しました。 Transcontinental and Western Air など "Inc." をつけただけの変更でした。ユナイテッド航空はもともとは子会社が契約していたので、本社が新規に契約します。ただ、経営者が同じではまずいのでジョンソン（Phillip Johnson）社長は退任します（のちに1939年に航空機メーカーのボーイング社の経営者として復帰します）。さらに、6月に航空郵便法が改正され、契約者である航空会社は航空機メーカーを保有してはならないこととなり、垂直統合していたグループは解体させられました。その後も今日まで、エンジンメーカー、航空機メーカー、航空会社は別というのが、企業の形態になってい

ます（Part 2 §8 参照）。

1920 年代は第 1 次世界大戦後の激変からの復興期、30 年代はアメリカ経済が大不況の時代でしたが、航空旅客業と航空機メーカーは相乗効果で成長し、航空機の技術も着実に進歩しました。木製が金属製になります。軽いのでアルミニウム、アルミニウム合金、とくに銅との合金のジュラルミンが重宝されます。アルミニウムは腐食しやすい欠点がありましたが、アルミニウムのメーカーのアルコア社が 1927 年に腐食に強いアルミニウムを開発するとともに、木も腐食に弱いことが明らかになり、アルミニウムへのシフトが加速します。構造的にも柱だけでなく金属表面でも機体重量を支えるようになります。さらに、機体内の気圧が保たれるようになります。

航空機では運行中のエンジントラブルは自動車以上に致命的ですが、これは 1921 年に鉛（3エチル鉛）を加えることで解決されます。ただ、この発明のおかげでとくに自動車から有害な鉛が大気にまき散らされることになり、アメリカではようやく 1980 年代になって産業界からの反対を押し切って有鉛ガソリンの規制が行われることになります。

航空機の速度が上がるにつれて、金属板どうしのつなぎ目に打つリベットの頭が、丸ねじの頭のように突起していると空気抵抗が無視できないものになってしまいます。それを釘のように頭を平にする必要がでてきました。これを枕頭リベット（皿リベット）と呼びます。ただ、これだとつなぎ目の接合が難しくなるのですが、航空機メーカー各社は打ち込む金属板にすり鉢の形状の穴を形成する「皿押し（Dimpling）」という技術を独自に開発しました。2 人がペアを組み、1 人が接合面を反対側から支え、もう 1 人がリベットを打ち込む作業となり、それが次第に 1 人での打ち込みですむようになり、さらに自動化も進みます。

また、興味深いことは、金属製軍用機の生産が本格化すると、各社が独自に開発したリベットの標準化が図られます。当時、直径、長さ、とくにリベットの軸から頭部への開き方も 78 度から 130 度までさまざまでした。軍は、前戦で修理のためさまざまなリベットをそろえなければならないこ

とを不満に思っていました。航空機生産の下請会社が納品相手別にさまざまなリベットを準備しなければならないことも問題になっていました。そこで、軸との開き具合は100度と決められます。メーカーごとの仕様の中間値的な数字だったことと、大手のロッキード社とダグラス社がこの角度だったためです。さらに、1941年から42年にかけてはダグラスの社内マニュアルが公刊され、多くの企業が参考にすることができました。企業のエンジニアはわからないことがあったら他社のエンジニアに訊いていたそうです。1960年代の半導体のシリコンバレーもそうでしたが、航空機産業も初期には、製品設計で競い合い、生産技術では共通の問題をコミュニティ内で助け合って解決していました。

3　航空機メーカーの創業

　ライト兄弟はじめ多くの起業家が航空機製造に参入しますが、簡単に紹介しましょう。まず、ライト兄弟ですが、1906年に特許を取得し、1909年にはウォールストリートの投資家から支援を受け、ウィルバーを社長、オービルを副社長として、ライト社を設立します。本社はニューヨークですが、地元のデイトンに工場を持ちます。

　カーチス（Glenn Curtis）はライト兄弟と同様、自転車屋兼自転車レーサーでした。その後、オートバイの販売、オートバイエンジンの製造を行うようになります。そのエンジンは飛行船に搭載され、1908年に陸軍に購入されました。1909年に Aerial Experiment Association に参加し、航空機製造を目指します。この協会には電話の発明者であったベル（Alexander Bell）も参加しています。ところが、カーチスはヘリング（Augustus Herring）の誘いにのって1909年に彼と新会社を設立します。

ヘリングは特許を持っていませんでしたが、「持っている」と偽っていました。したがって、操業後にライト兄弟から特許侵害で訴えられます(Part 2 §4参照)。裏切られたカーチスはヘリングとは縁を切り、独立します。

　ライト兄弟の会社は、カーチスをはじめ多くの企業と特許係争に明け暮れることになります。ウィルバーが1912年に急死してしまい、オービルが社長になりますが、特許係争と経営に疲れてしまい、1915年に会社を売却して経営から退きます。

　ライト社の航空機は初飛行に成功したフライヤー号以来、プロペラをエンジンの後ろに置き、船のようにプロペラからの推力を後ろに出して進む、「プッシャータイプ (推進式)」でした。ところが、次第にプロペラをエンジンの前に置く「トラクタータイプ (牽引式)」が現れ、優勢になります。「プッシャータイプ」は失速しやすく、また万が一墜落したとき、後ろに積んだエンジンがパイロットの上にのしかかって危険でした。これはヨーロッパに比べてアメリカ全体の特徴でもあったのですが、ライト兄弟はとくに、自分たちが操縦技術に長けていたので初飛行に成功したこともあって、本来航空機は不安定で操縦は難しいという立場で、操縦しやすい航空機の開発に遅れました。陸軍航空隊は1914年に「プッシャータイプ」を禁止します。ライト社はこの変化に乗り遅れ、オービルが社長を辞める1915年まで「トラクタータイプ」を出しませんでした。しかし、創業者が引退後、1929年にはライトとカーチスの会社は合併してカーチス・ライト社になります。

　マーチン (Glenn Martin) はアイオア州出身でしたが、自動車ディーラーになった後、カリフォルニアのロサンゼルス近郊のサンタアナに移住してきます。1910年に単葉機を開発しますが画期的すぎて失敗します。1912年に複葉機で航空機製造に参入しました。その際にマーチンは複葉機の特許を持っていませんでしたが、ライト兄弟に特許使用許可を恐る恐る問い合わせたところ、使用を許可されています。マーチンの率直で潔い態度を、父親が牧師で熱心なキリスト教徒だったライト兄弟は気に入ったよう

です。ライト兄弟がカーチスとの特許係争にこだわったのは、兄弟は特許のような法制度というのは正義の人間を守るためにあると教えられてきたからだといわれています。マーチン社は水上飛行機を売り出します。飛行場が整備されていなかったので、南カリフォルニアでは水上機が人気が出ると予想していました。1916年にはライト社と合併しますが、マーチンは自分で経営に関与できないことに不満を持ち1917年に独立しました。マーチン社の飛行機は「トラクタータイプ」でカーチス社やライト社より安かったので、陸軍航空隊に売れました。ただ、量産はできませんでした。

　ドナルド・ダグラス（Donald Douglas）は兄に倣って海軍士官学校に行きますが、兄が虫垂炎になった際に海軍の対応が迅速でなく死んでしまったので、海軍の官僚的体質に嫌気がさし辞めてしまいます。1914年にマサチューセッツ工科大学の航空学科を卒業し、その後、最先端の研究者だったハンセイカー（Jerome Hunsaker）教授の実験助手として風洞実験に携わりました。当時にしては珍しい、アカデミックな知識を持った航空工学エンジニアでした。マーチン社に勤務したことで南カリフォルニアに来ました。第1次世界大戦中には陸軍航空隊に属し、その後、マーチン社のクリーブランドの工場で働きます。ロサンゼルスタイムズ社から出向していたヘンリー（Bill Henry）にロサンゼルスで資産家のディビス（David Davis）を紹介してもらい、1920年にロサンゼルスでディビス・ダグラス社を設立します。しかし、大陸横断飛行に失敗するとディビスの事業への関心が薄れたので、1921年にダグラスは単独でダグラス社を設立しました。このときもやはりヘンリーを通して『ロサンゼルス・タイムズ』の発行者チャンドラー（Harry Chandler）の支援を得ました。1924年までにメーカーとして軌道に乗り、南カリフォルニアが航空機生産の集積地になるきっかけになります。

　1931年にトランスコンティネンタル・アンド・ウェスタン（のちにトランスワールド、TWA）航空の旅客機（ヨーロッパのフォッカー社製）が墜落し、犠牲者の中に有名なノートルダム大学のフットボール監督（Knute Rockne）がいましたので、大きな注目を集めました。TWAはボーイング社から新しい機種（モデル247）を買いたかったのですが、ボーイ

ング社は同じグループのユナイテッド航空への納品を優先してしまう恐れがありましたので、ダグラス社に注文します。のちのノースロップ社の創業者で当時はダグラス社に勤務していた名設計者のノースロップがDC1を完成させます。これをきっかけにそれまで軍用機中心だったダグラス社が旅客機に参入することになります。DCとはDouglas Commercialの略で、民間機への参入を強く意識していたわけです。

　ロッキード兄弟（Allan and Malcaolm Loughead）はサンフランシスコ近郊の生まれで、元教師でインテリであった継母から教育を受けましたが、大学では学んでいません。"Loughead"なのに「ロッキード」と発音するのですが、だれも正しく発音できないので、のちの1926年には企業名、さらに1934年にはアランの本名まで発音に合わせて"Lockheed"にしました。遊覧飛行で稼いだ後、事業家（Burton Rodman）の投資を得て1916年にサンタバーバラに航空機製造業を開業しますが、第1次世界大戦後の航空不況で1921年に倒産してしまいます。マルコムはデトロイトで自動車ブレーキメーカーとなり成功し、アランはその西海岸の代理店となり生計をたてます。1926年にアランはロッキード社の再建を果たします。しかし、1929年の株式ブームの中、デトロイトの資本家グループに買収され、アランも経営から手を引きます。ところが、買収直後に大恐慌が始まりロッキード社は破綻してしまいました。グロス（Robert Gross）という投資銀行家が1932年にロッキード社を再建し、アランはコンサルタントとして復帰しました。したがって、ロッキード社は技術者でなく金融資本家が経営していくことになります。ロッキード社は、後述のノースロップが開発した旅客機ヴェガを成功させたのち、ボーイング社やダグラス社より少し小さな旅客機市場を狙い、双発10人乗りのエレクトラを開発しました。同機は1934年に初飛行し、ヒット作となりました。

　ノースロップ（John［通称"Jack"］Northrop）は両親と共に1904年に南カリフォルニアのサンタバーバラに移ってきました。高校しか出ていませんが、設計に天賦の才がありました。1916年にはロッキード社に勤務しますが、ロッキードは破綻してしまいますので、1923年にダグラス

社に勤務します。その時に考えついたアイディアをアラン・ロッキードに伝え、1926年に再建されたロッキード社に再就職します。ロッキード社にとってノースロップの設計したヴェガは大ヒット旅客機になります。

　ロッキード社から独立したノースロップ社は経営が苦しかったのですが、設計したアルファという機種にボーイング社が関心を示します。1930年、ボーイング社が属するユナイテッド・航空機・運輸グループに参加します。しかし、同社がリストラ策として航空機製造をカンザス州に移す提案をしたことに対して、ノースロップ自身は西海岸に残りたかったので、会社を辞めて1932年に独立します。その後、ノースロップ社の経営は再び行き詰まりますが、今度はダグラス社に支援されます。ダグラスが過半数の株を所有する中、ノースロップ個人はDC1の設計に貢献します。ノースロップはドナルド・ダグラスに対して2度と航空機メーカーを作らないと約束していたのですが、株売却で得た資金をもとに、再度1939年に、ノースロップ社を設立しました。彼は"Flying Wing"という尾翼のないブーメランのような機体の開発に固執していました。

　ローニング（Grover Loening）は1910年にコロンビア大学から航空学修士号を得て、ライトの会社に就職しましたが、同社の活力のなさに失望して1913年に退社します。陸軍航空隊に勤務したのちに起業し、今度は海軍との関係を深めます。そこで、海軍少尉でテストパイロットだったグラマン（Leroy Grumman）と知り合います。ローニングは自分の会社を売却して資産を得て、今度は逆にグラマンが1929年に起業するのを支援しました。グラマン社は空気抵抗を減らす引き込み式車輪や、航空母艦でスペースを取らない折り畳み翼などを開発し、優れた艦載機を次々と出し、太平洋戦争中は海軍から厚い信頼を獲得し、故障が少ない頑強な航空機を生産するので「グラマン鉄工所」と呼ばれました。たたき上げのエンジニアを多く抱えた質実剛健の社風は、ライバルとなった日本海軍の主力戦闘機ゼロ戦のメーカーである三菱重工が多くのエリートエンジニアを抱えていたのとは対照的でした。

　ノースアメリカン社は、キース（Clement Keys）という投資家が設立

しました。技術者でない経営者主導でした。1929年にライト社とカーチス社というかつてのライバル企業を、創業者が引退していたので、合併させます。トランスコンチネンタル・アンド・ウェスタン航空も含んだノースアメリカングループを形成しますが、大恐慌で株が暴落する中、1933年末に自動車のジェネラル・モータース（GM）社がノースアメリカン社の過半数の株を取得します。グループは1934年の航空郵便法で解体しますが、GMによるノースアメリカン社の所有は1948年まで続きます。ノースアメリカン社のB25ミッチェルは軽爆撃機で空母搭載が可能でした。1942年に空母ホーネットから離陸して東京初空襲を成功させます（空母はかなり離れたところにいたので、爆撃後、帰還するだけの燃料はなく、そのまま中国大陸に逃げていくという方法でした）。さらに、ノースアメリカン社を有名にしたのは、P51マスタングです。当初はイギリス政府からカーチス製の戦闘機P40ウォーホークの委託生産を依頼されたのですが、ダグラス社から引き抜かれて社長になっていたノースアメリカン社のキンデルバーガー（Dutch Kindelburger）が新型機の開発を逆提案しました。完成したものは、高空でのパワー不足のため、低空からの地上攻撃用となりました。しかしその後、エンジンをアリソン社製からロールスロイス社のライセンスを受けて生産していたパッカード社のマーリンに変えて高空での性能が上がりました。ノースアメリカン社のオーナーはGMでアリソン社はその子会社だったのに、エンジンをそのライバルのパッカード製に変えることをGMは嫌がったのですが、キンデルバーガー社長の英断でした。マスタングは第2次世界大戦中に作られたプロペラ戦闘機の最高峰とみなされます。

　ボーイング（William Boeing）は裕福な家庭の出身で、エール大学を中退して木材ビジネスのためシアトルにやってきました。そこで、航空機の魅力のとりつかれます。シアトル駐在の海軍エンジニアのウェスターベルト（Conrad Westervelt）と友人になり、1916年にボーイング・ウェスターベルト水上飛行機を製作し2機だけ売れました。ウェスターベルトは首都ワシントンに転任してしまったので、ボーイングは自分が社長になりパシ

フィックエアロ社を設立し、1917 年にボーイング航空機と改称します。5番目に作ったモデル C という水上飛行機は 50 機が海軍に買われました。1919 年にはシアトルとカナダのビクトリアとの間の航空郵便の権利を得ます。その後もシカゴ・サンフランシスコ間など積極的に航空運輸業に進出します。また、カンザス州ウィチタにあったスターマン（Stearman）航空機を買収し、ウィチタはボーイング社の重要な拠点になります。1929 年には United Airplane and Transport Corp. という垂直統合企業グループを成立させます。1931 年にはグループの中核としてユナイテッド航空が設立されます。ボーイングは航空運輸業の収益性を高く評価していたので、ドル箱として航空会社が欲しかったのと、航空運輸業が発達すれば傘下の航空会社が航空機を買うことを期待して、企業集団化を進めました。しかし、前述のようにルーズベルト政権と議会に敵視されます。ボーイング自身も議会で証言させられました。ボーイングは早期引退を表明していましたが、自分のやってきたことがすべて否定されたことに落胆し、議会のブラック委員会の結論を待たず、完全に事業から引退し株も放出してしまいました。

　ユナイテッド航空向けに開発された 1933 年のボーイング社のモデル 247 は、双発（エンジンが 2 つ）、単葉（主翼が 2 層でなく 1 枚）、翼が胴体の下（それまでは胴体の上から出ていました）の旅客機でした。さらに、モデル 307 はストラトライナーと呼ばれ、4 発で客室が（地上と同じ気圧に）加圧された初の旅客機でした。また、当時の長距離の大型機としては、飛行艇があげられます。なにかトラブルがあっても海上に降りられました。豪華な内装の飛行艇が太平洋や大西洋路線に就航しました。太平洋路線ではサンフランシスコからハワイ、グアム、フィリピンなどを経由して 6 日で香港に到着できました。しかし、第 2 次世界大戦で航路の安全性が脅かされたので、大陸間路線は衰退してしまいました。ボーイング社は（元）グループ内の企業との取引を優先し、航空会社の要望に鈍感だったので、旅客機ではダグラス社に勝てなくなりました。

　当時は多くのメーカーがカリフォルニア工科大学の風洞を使っていたの

ですが、機密保持は充分ではありませんでした。実験にかかわった学生が他社に就職すれば情報は筒抜けでした。また、同大学は風洞の使用料を稼ぎたかったので、どのような実験が行われ、どのような成果がでたかを宣伝のために公表してしまいがちでした。先進的だったボーイング社のモデル247の情報もダグラス社などに流れていたと考えられます。そこで、ボーイング社は他社に先駆けてマッハ0.975の風速で実験できる風洞を1944年に完成させました。

戦闘機では実績があり、さらに大型旅客機で実績を積んだボーイング社は4発の大型爆撃機B17の開発に成功します。戦略爆撃機を重視する陸軍が大型爆撃機の入札を行い、ボーイングは受注社の1つとなりました。B17は、公開されたときあまりの大きさに新聞記者が「まるで空飛ぶ要塞だ」と言ったので、"Flying Fortress"がそのままニックネームになりました。要塞といわれていたわりには尾部の防御が弱かったので、新たに機銃を置きその強化が図られます。B17は損傷に強い頑強な機体でイギリスから発進して、対ドイツ戦線では活躍しますが、日本に飛ぶには航続距離が不足していました。次の「超・空の要塞」と呼ばれたB29は、アメリカ軍がサイパンを占領すると日本本土への往復が可能になりました。ドイツに投下された爆弾の半数がB17によるもので、日本に投下された爆弾の96％がB29によるものでした。B29は加圧機体であるとともに、操縦室から機関銃を操作できるなど優れた性能を持っていました。ただ、B17の生産を妨げないようB29はシアトル以外（主にカンザス州ウィチタ）でも生産されました。

4　政府の役割

　時代が遡りますが、第1次世界大戦の戦雲が漂う中、アメリカでは戦争に使われるであろう航空技術でヨーロッパに後れを取っているのではないかとの懸念が強まります。スミソニアン協会が2人の学者（Albert Zahm と Jerome Hunsaker）をヨーロッパ視察に行かせますが、アメリカの航空技術の後れが再確認されます。この状況を打破するため、1915年に国家航空諮問委員会（National Advisory Committee for Aeronautics, NACA）が設置されます。当時は空軍はまだなく、陸軍と海軍がそれぞれ航空隊を持っていましたが、それとは別の航空技術向上のための諮問委員会です。ただ、12人のメンバーには軍関係者も多く、陸軍2人、海軍2人、スミソニアン協会1人、気象局1人、標準局1人と政府以外からの有識者5人でした。ウィルバー・ライトも入っていました。癒着が生じないよう民間企業からはメンバーを入れませんでしたが、NACAは単なる審議会ではなく、航空機産業のために研究を行っていくことになります。バージニア州の陸軍の飛行場に隣接した場所に施設が建設され、ライト兄弟に先を越されたラングレーの名前をとって、ラングレー試験場と呼ばれました。ここでの風洞実験データは航空機メーカー全体に提供されましたし、航空機メーカーが風洞を使って実験することもできました。

　NACAは次第に軍事研究色が強くなり個別企業のための研究も行います。とくに、ラングレー試験場の土地をめぐって対立もあった陸軍に比較して、海軍との関係は良好でした。海軍はブリュスター・バッファローという戦闘機の性能が良くなかったので、NACAに持ち込んで試験してもらいました。NACAは小さな改善点をいくつも指摘し、10%の速度向上を果たします。それでもこの戦闘機は実戦では大きな活躍ができませんでしたが、その後も海軍は18の試作機をNACAに持ち込んで同様の実験

をして、小さな改善をいくつも行うことで性能を向上させます。その中のグラマン・ワイルドキャット、リパブリック・サンダーボルト、ヴォート・コルセアは日本海軍相手に大活躍します。陸軍関係でもボーイング社の大型爆撃機であるB17とB29の開発にNACAは大きな貢献をし、ボーイング社に感謝されています。

　NACAはアメリカの航空技術の進歩に貢献したのですが、汎用的なデータの蓄積や具体的な技術問題の解決が多く、根本的な航空力学の理論研究はあまりしませんでした（ここは大学に任せていた部分もあります）。また、NACAのパートナーは航空機メーカーであって、エンジンの開発はメーカー任せという方針でした。NACAはなるべく大きな（小型機ならば実物が入る）風洞を作ることに傾倒しましたが、ドイツでは小さくても高速気流の風洞が製作され、航空力学、流体理論の検証実験が行われました。NACAも音速に近い速度の気流による衝撃波の存在を認識しましたが、それはロッキードP38という高速機が空中分解したことをうけてのことでした。航空力学理論の後れによって、アメリカはジェット機、ロケットの開発で、イギリスやドイツの後塵を拝することになります。もっとも第2次世界大戦開始時点において、アメリカはプロペラ戦闘機でもイギリス、ドイツ、日本に性能で劣っていました。

　アメリカでは連邦政府が特定の産業を振興するとか、科学や技術の研究開発に予算を組むという伝統はありませんでした。農学に関しては19世紀後半から農務省が農業試験場に予算を出し、農業試験場の研究者は隣接する州立大学の農学部教員と兼任することもありました。医学（大学の医学部）に対する連邦政府の研究支援は国民のコンセンサスを得ていなかったので、20世紀初めには連邦政府は人間の疾病よりも家畜の疾病の対策にお金をつぎ込んでいました。1940年でも航空関係の政府の研究開発予算は2860万ドルでしたが、農学の2910万ドルよりも少なかったのです。

　アメリカの政府からの研究開発支援もなく、開戦まで軍需もなく、航空機の需要は民間旅客業でした。国土が広いアメリカでは航空旅客業はヨーロッパ大陸以上に急速に発展しました。民需に応じた航空機の開発は当

然、大型の旅客機に向かったわけです。また、軍部でも長距離大型爆撃機が戦闘機の護衛なしに飛んでいき、敵の拠点を高空から爆撃するという戦略爆撃論が重視されました。ピンポイントで軍事施設・工場を爆撃するので市民を無差別に爆撃しない点で、平時での議論としては受け入れられやすいものでした。アメリカ本土に敵の爆撃機が来る可能性も低かったので、迎撃機としての戦闘機の開発はそれほど重視されませんでした。しかし、第2次世界大戦におけるドイツへの爆撃では、当初は重要な施設がわからず実際には効果があがっていないことも明らかになります。拠点を爆撃するには事前の諜報活動が不可欠でした。結局、制空権を獲得してから低空からの無差別爆撃が行われることになりました。

　さらに、(これはどこの国でもそうでしたが) 海軍内部では戦艦重視派と空母重視派の路線対立があり、艦載機の開発に充分な予算が使われませんでした。真珠湾攻撃で戦艦が壊滅したのに、洋上にいた空母は無傷だったので、否応なしにアメリカ海軍は空母中心で戦うことになりました。ちなみに日本海軍は戦艦大和や武蔵を建造し巨艦巨砲主義をとる一方で航空戦力も向上させており、空母と航空機が戦艦を無力にすることを証明したのは、開戦直後に日本が航空機によってイギリスの戦艦プリンスオブウェールズと巡洋艦レパレスを撃沈したことでした。

　航空機メーカーは1930年代の大恐慌時代には輸出に助けられました。ダグラス社もロッキード社も海外販売ではフォッカー (Anthony Fokker) を代理人にしていました。彼はオランダ人ですが、第1次世界大戦中のドイツ軍機の設計を行っています。パイロットがマシンガンを撃っても前面のプロペラに当たらないという技術を開発した人物です。しかし、売り込みにさまざまな不正が疑われるようになります。そして、1934年に議会では共和党ナイ (Gerald Nye) 上院議員を長とする委員会が調査しました。彼は地方のノースダコタ州選出で大都市・大企業への反発が強かったので、航空機メーカーが賄賂がらみの輸出でもうけていることを批判します。実際、フォッカーが免責と引き換えに証拠として提出した、ダグラス、ロッキードの両社から彼への手紙には不正な輸出、売り込みの依頼が

書かれていました。

　1920年代、30年代の軍用機の輸出は、「死の商人」という批判を受けました。これに対して、軍用機が戦力の均衡をもたらせ、かえって紛争を未然に防ぐという擁護がなされました。アメリカは第2次世界大戦後は大国として世界各地の紛争にも積極的に介入しますが、建国以来、ヨーロッパ諸国に干渉されたくなかったので、アメリカ自身も海外の紛争には介入したがりませんでした。すでにドイツでヒトラーが権力を掌握していた1935年に、アメリカでは中立法が制定され、交戦国に武器を輸出しないこととしました。ところが、この法律には抜け穴もあり、「交戦国」とは宣戦布告をした外国との戦争の当事者のことで、内戦は交戦ではないとして、日中戦争などは戦争とはみなされませんでした。第2次世界大戦が勃発し1939年11月に中立法は廃止され、アメリカは「民主主義の兵器庫」として英仏への航空機の輸出、委託生産も本格化します。航空機メーカーの経営者は「死の商人」どころか英雄になります。

5　第2次世界大戦中の生産

　第2次世界大戦の開始時に、アメリカの航空軍事力は世界で6番目程度でした。とくに、戦闘機ではイギリス、ドイツ、日本に劣っていました。1930年代には、航空旅客業の発展とともに大型の旅客機が開発されていたので、それがそのまま軍用輸送機に改装されたり、その技術が大型爆撃機に活かされます。さらに、開戦時にはイギリスと（それほど厳格なものではなかったのですが）、イギリスが戦闘機、アメリカが爆撃機と、開発を棲み分けしました。戦後、大型爆撃機の技術が逆に大型旅客機に活きたので、イギリスはこの合意を悔やみますが、アメリカ以外に大型爆撃機を

作る能力を持った国はありませんでした。

　第 2 次世界大戦が近づくと航空機の生産が政府によって発注されます。ただ、第 1 次世界大戦のときは政府からの依頼で企業が生産設備を急増し、終戦後に設備が過剰となって産業全体が苦境に陥ったという教訓から、政府が工場を作り企業が借り受ける Defense Plant Contract（DPC）や、民間の銀行が断った融資を政府の金融機関である復興金融公社（Reconstruction Finance Corporation, RFC）が引き受けるという形をとります。RFC は大恐慌の対策として共和党のフーバー政権が始めたのですが、民主党ルーズベルト政権下のニューディール政策で積極的に活用されたもので、戦後も 1957 年まで存続しました。

　第 2 次世界大戦中も、自動車メーカーの活用が考慮されますが、やはり第 1 次世界大戦中の苦い経験から、自動車メーカーは主に航空機そのものよりもエンジンの下請生産を行います。自動車メーカーは繁栄を謳歌していたので、生産設備を航空機向けに変更したくありませんでした。航空機は部品数が自動車に比べて多かったので、標準化してラインを作るころには戦争は終わってしまうことが懸念されました。自動車と航空機の生産方法の違いについては Part 2 §7 でも説明します。

　アメリカは開戦時には戦闘機では後れをとっていたのですが、参戦後、きわめて急速に質・量ともに向上させます。開戦当時のアメリカの戦闘機で日本のゼロ戦に対抗できたのは、ロッキード P38 ライトニング（1943 年に山本五十六連合艦隊司令長官機を撃墜した戦闘機）だけでした。この戦闘機は開戦から終戦時まで生産されますが、開戦時の他の戦闘機はすぐに新鋭機に世代交代します。第 2 次世界大戦中のアメリカの航空機生産の 70％は 1943 年以降に行われ、新型機が続々と戦線に投入されました。この点、優れた新型機がなかなかでてこなかったイギリス、ドイツ、日本とは異なりました。アメリカでは多くのメーカーが競って新型機を開発し、各社はその特定の機種にしぼって量産しました。（開発はせず委託生産していた企業も含む）50 社が航空機の生産に関わり、19 の機種が生産の 90％を占めましたが、実は、日本は 80 もの機種を実戦に投入し、どれも

大きな戦績をあげられなくなっていました。

　戦時中の軍用機受注が一番多かったのが、カーチス・ライト社でした。P40 ウォーホークは陸軍の第 2 次世界大戦初期の主力戦闘機で、中国で対日戦争に参加するアメリカ義勇航空軍「フライングタイガー」にも使われました。性能ではゼロ戦に勝てませんでしたが、高空から急降下する戦法を使うようになって対抗馬となりました。

　カーチス・ライト社の輸送機 C46 は北東インドからヒマラヤ山脈を越え中国に物資を輸送する重要な任務を担いました。最終的には貢献したのですが、配備初期にはトラブルが多く悪い印象が強くなりました。海軍機ヘルダイバーも、急降下のとき高速になりすぎ機体が耐えられず 1 年半遅れの配備となり、配備後は活躍したのですが、やはり初期の悪いイメージは残りました。また、同社の R3350 エンジンは B29 用に開発されたのですが、充分なテストをせずに生産を始めたためトラブルが生じます。同社の次世代の戦闘機は他社の新型機と大差ないので開発が中止されてしまいます。

　カーチス・ライト社はトップ企業だったので、大量かつ多種の軍用機の受注がありました。1 機種あたりの受注はそれほど多くなく、3 種類のみで 1000 機以上を生産しました。工場単位の規模の経済性や習熟効果は活かせませんでした。中央集権的に少数の幹部の力量で管理する組織だったので、規模が拡大すると管理しきれなくなります。ニューヨーク市の本社とニューヨーク州バッファロー、オハイオ州コロンバス、ミズーリ州セントルイスの工場との連携もうまくいかなくなります。

　さらに、同社はもともと保守的な設計思想で改良を重んじてきました。航空機は元来、改良によって進歩してきたのですが、1940 年代はジェットエンジンの導入など技術革新の速い時期でしたので保守的（消極的）な方針は裏目に出ました。

　こうして、皮肉なことに大規模な軍需がむしろ足かせとなり、トップメーカーのカーチス・ライト社の衰退が始まりました。

6 ジェット・ロケットエンジンの登場

　ドイツは開戦時の主力戦闘機メッサーシュミット Hf109 から進歩がなかったといわれますが、ジェット機、ロケット機という画期的な航空機を開発しました。

　ジェットエンジンの基本となるガスタービンは 19 世紀後半に開発されており、航空機への応用も早くから検討されていましたが、燃料効率が悪いのが欠点でした。1923 年には NACA 発行、標準局作成のレポートが、高出力にするには重たくならざるを得ないので、航空機への応用は現実的でないという結論を出していました。ロッキード社のプライス（Nathan Price）が 1940 年に提案しますが、政府は関心を示さず開発費を出しませんでした。

　イギリスではホイットル（Frank Whittle）が開発を申し出ますが、空軍は関心を示さず、投資銀行の支援で開発を行います。開戦後は空軍も資金を出し、1941 年にグロスター・ミーティアというジェット戦闘機が初飛行に成功します。これは、後述のドイツの V1 号ミサイルを撃墜した記録はありますが、実戦には用いられませんでした。

　同じころ、ドイツでもオハイン（Hans von Ohain）、ワグナー（Herbert Wagner）、シェルプ（Helmut Schelp）がそれぞれ独立にジェットエンジンの開発を行い、1939 年には He178 が初飛行しています。しかし、実戦投入されたのはエンジンの様式を変えた Me262 です。これが初のジェット戦闘機といってよいでしょう。さらに、無人のジェット機に爆弾を搭載しイギリスに向けて発射する V1 号を開発しました。

　Me262 は 1942 年 7 月に初飛行に成功したのですが、ドイツ軍部は爆撃機の開発・生産に傾倒していたので Me262 の量産は行われませんでした。さらに、1944 年 2 月と 4 月の空襲で生産施設が破壊され生産計画はさら

に遅れます。ヒトラーが1944年5月には既存のMe262を爆撃機にすることを命じます。爆撃機は低空を高速で侵入することが期待されたのですが、ターボジェットエンジンは高空で性能を発揮できるので、Me262を爆撃機にするのは不適切な判断でした。ヒトラーも1944年末に命令を撤回しますが、「時すでに遅し」でした。Me262がはじめから戦闘機として大量生産されていれば、制空権を簡単に連合軍に渡さなかったので、ノルマンディー上陸作戦の成否にも多少の影響を与えていたと考えられます。

イギリスとアメリカはジェットエンジンの開発で秘密裏に協力するのですが、アメリカ政府はイギリスからの技術の開発を、ジェネラル・エレクトリック（GE）社に任せます。当時、主力だったP&W社とカーチス・ライト社にはピストンエンジンの生産に専念してほしかったので、GE社を選んだのです。GE社はターボチャージャーと発電用ガスタービンでは実績がありましたが、ここで選ばれたことで戦後ジェット時代になると有力なエンジンメーカーになります。P&W社はジェットエンジンの技術力ですぐに追いつき、一時は第1位企業になりますが、カーチス・ライト社はジェットエンジンへの対応に遅れ衰退していきます。この点で政府の役割はきわめて大きなものでした。

ドイツはまたロケットエンジンというまったく新しい航空技術の開発にも成功します。V2号は垂直に打ち上げられるミサイルでした。さらに、ロケットエンジンを搭載した戦闘機Me163も成功させました。いずれも先進的な技術でしたが、戦況を変化させるほどの効果はありませんでした。

ドイツはジェット機の開発をハノーバー近郊のブラウンシュヴァイクの秘密研究所で行っていました。森の中に低層の研究棟と、地下に大きな研究施設を持っていました。終戦まで見つからなかったのですが、アメリカが派遣した調査団が見つけます。調査団は終戦直前にドイツに入りドイツが正式に降伏する5月8日にはこの施設を見つけました。カリフォルニア工科大学のカーマン（Theodore von Kârmân）が調査団のリーダーでした。彼はドイツのゲッチンゲン大学出身でしたが第1次世界大戦後にアメリカに招かれました。ボーイング社のシェアラー（George Schairer）も

企業関係者としては1人だけメンバーにはいっていました。シェアラーはマサチューセッツ工科大学から修士号を取得しており、ボーイング社が航空力学の知識のあるエンジニアを積極採用する方針にしたので1939年に入社していました。それ以前はコンソリディティッド社にいてカリフォルニア工科大学の風洞を利用していてカルマンと知り合いになっていました。そして、彼らはカラの井戸に隠された書類を発見します。そこにはジェットエンジンと後退翼のことがくわしく書かれていました。シェアラーは5月10日にはボーイング本社に手紙を書き、発見した書類の内容を知らせています。調査報告書はアメリカのすべての企業に提供されましたが、ボーイング社はいち早く情報を入手したわけです。

　ソ連（当時）も同じことを考えていました。ドイツにはイギリスからの空襲を避けるため南部・東部にも先端技術施設があったので、それらをソ連が接収しました。V1号、V2号の開発、試験を行っていたバルト海沿岸のバーネミュルデ秘密基地もソ連が接収しました。しかし、V2号の開発者だったフォン・ブラウン（Werner von Braun）はミュンヘン郊外でアメリカ側が確保しました。彼はのちに陸軍のミサイルやNASAのアポロ宇宙船の打ち上げに使われたサターンV型という大型ロケットを開発します。米ソの宇宙開発や軍拡の競争を支えた技術はドイツのものを引き継ぐ形で始まったのです。

　1944年10月からボーイング社は、ジェット爆撃機の試作に取り組んでいました。競合社はノースアメリカン社、コンベア社、マーチン社でした。他社が直線翼だったのに対して、ボーイング社はシェアラーからの報告を受けて後退翼に変更し、ジェット爆撃機B47ストラトジェットを開発しました。空軍からエンジンが被弾し発火しても機体に延焼しないよう求められたので、エンジンを主翼からつり下げることにしました。幸い、エンジンからの炎は飛行中の気流の関係で下向きに流れ主翼に延焼しないことも明らかになりました。B47は1947年に初飛行しましたが、直線翼のF84ジェット戦闘機（リパブリック社サンダージェット）が追いつけないほどの性能で、量産段階でのライバルとなったノースアメリカンB45

トーネードを生産量で凌駕しました。

　さらに1948年、ボーイング社はやはり6発エンジンのターボプロップ（ジェットエンジンの回転軸の力でプロペラを回すエンジン）爆撃機を提案しますが、空軍が拒否します。ボーイング社のエンジニアは基地のそばのホテルに週末に缶詰めになり、8発のジェット爆撃機にデザインを変更して再提案し、採用されました。これが1952年に初飛行するB52ストラトフォートレスです。ベトナム戦争から湾岸戦争まで使われ、今日も配備されている息の長い爆撃機です。

　その後、爆撃機も音速（マッハ1）を上回る速度で飛行する超音速機の時代になりますが、ボーイング社はここでは競争力を保てず、超音速ジェット戦闘機の開発で技術力をつけた企業であるコンベア社とノースアメリカン社が受注します。三角翼でマッハ2で飛行できる中型爆撃機のコンベア社のB58ハスラー、大型でマッハ3で飛行できるノースアメリカン社のB70ヴァルキリーです。さらに、ノースアメリカン社が合併したノースアメリカン・ロックウェル社のB1ランサー（空軍はB70など、爆撃機につく番号が大きくなりすぎたのでB1に戻しました）です。

　しかし、超音速爆撃機の時代は短命でした。攻撃手段としてミサイルが発達し、戦略爆撃機にとって代わります。一方、爆撃機に対する防御もレーダー網、地対空ミサイル、迎撃機の進歩によって強くなります。さらに、ジェット技術が成熟するとさらなる性能の進歩にコストがかかるようになりました。このため、ハスラーは1960年代初めに配備が始まったのに1970年には退役しますし、B70にいたっては試作機2機のみで1967年に開発中止になりました。B1は1970年に開発が開始されますが、カーター（James Carter）政権が1977年に開発中止し、1981年にレーガン（Ronald Reagan）政権が開発を再開しました。100機のみの生産となり1986年に生産が終了しました。

　B52が長寿になった背景には、戦略爆撃機の時代が終わりつつあったため、後継機が開発されなかったという点もあったのです。B52から発射できる巡航ミサイルが開発されたこともB52が離れた目標に攻撃できる能

力を高め、高速爆撃機の必要性を一層、小さくしました。ボーイング社に替わる爆撃機メーカーは 1970 年代までは大きな利益を上げることができませんでした。

7　ジェット旅客機の時代

　ジェット旅客機はジェットエンジンの先進国イギリスで先に実用化されます。しかし、1952 年に就航したディ・ハビランド社のコメットと呼ばれた旅客機は墜落事故を続発し、ジェット旅客機そのものへの信頼が損なわれます。事故調査の結果、機体内外の圧力差が四角形の窓の角に異常に大きな力をもたらし金属疲労をひきおこしていたことがわかりました（今日、飛行機の窓の角は丸みを帯びています）。当時の知識では予想できないことでした。このような先行者の失敗からアメリカの航空会社・航空機メーカーは学ぶことができました。

　戦前の旅客機でリーダーだったダグラス社は、4 発プロペラ機の DC3 と DC4 を戦時中は輸送機として生産していましたが、戦後、旅客機の生産に戻り、トップの座を維持します。DC6 がアメリカ大陸横断を 10 時間で達成し、DC7 では 6 時間をきりました。DC7 は TWA 航空がロッキード社のコンステレーションで儲けていたので、それに対抗する機種を求めてアメリカン航空が依頼したものでした。ダグラス社としてはプロペラ機で充分に利益を上げていたため、危険性が充分に払拭されていないジェット機を開発する誘因はあまりありませんでした。ロッキード社はコンステレーションというプロペラ機がヒットしていましたが、その次のエレクトラ II は問題が多く不振だったため、次第に軍用機へのシフトを強めます。

　ボーイング社は旅客機では劣勢だったので、起死回生を図ってジェット

旅客機の開発を行います。アレン（William Allen）社長が1952年、イギリスの航空ショーでコメットの雄姿を見て開発を決断します。主翼からエンジンをつり下げるB47やB52のやり方は、エンジンが発火したら機体に延焼させず落下させるという点で旅客機にも有用でした。ただし、爆撃機では主翼は胴体の上から伸びますが、旅客機では下についていました。加えて、軍用機で稼いだ資金を旅客機に回せたこともボーイング社の強みでした。大型ジェット機を生産したという経験はダグラス社にはありませんでした。

　ジェット旅客機の導入を強く勧めたのは、パンアメリカンワールド航空（パンナム）のトリップ（Juan Trippe）社長でした。彼はダグラス社からも買うことを示唆してボーイング社に開発を急がせます。一方、ダグラス社はDC7の後継機のDC8について、アメリカン航空はターボプロップを望んでいましたが、パンナム航空の要請でターボジェットにします（政府だけでなくユーザーとしての航空会社の役割についてはPart 2 §10で説明します）。B707は1954年7月には初飛行に成功します。それを見て、ダグラス社もDC8の開発を始めます。

　B707はKC135という空中給油機として空軍にも納める予定でいたのですが、空軍からの資金で購入した機械設備・治具を民間機に使うときは国防省の許可が必要でした。それに時間がかかっている間にダグラス社によるDC8の開発が追い上げてきました。DC8のほうが航続距離も乗客者数も多くなることが明らかになります。もともと航空会社は旅客機に関してはボーイング社よりもダグラス社を信頼していました。さらにDC8はP&W社の新型エンジンを搭載することになりました。ユナイテッド航空はDC8の採用を決めます。パンナム航空もB707だけでなくDC8も購入することを発表しました。ボーイングのB707は1958年10月に就航します。ダグラスのDC8は1年遅れて1959年9月に就航します。

　B707は就航後にターボファンエンジン（ジェットエンジンの空気取り入れ口に大きなファンをつけて回転させ、ガス排気による推進力を補完するエンジン）に変更し、主翼も改良します。ボーイング社はもともとの主

翼の開発のときは自社の風洞がNACAの設計を基に大幅改修中で使えなかったのでインディアナ州のパデュー大学の風洞を使って開発していましたが、改良するときには自社の風洞を存分に使えました。ボーイング社もダグラス社もNACAの作成した主翼のモデルをもとに開発したのですが、DC8の採用したモデルのほうが主翼の構造としては優れていたのでボーイング社もそれに切り換えました。その過程ではB52での主翼の設計の経験も活かされました。B52はすでに生産段階でしたので設計スタッフはB707に関わることができました。こうして誕生した改良版のB707-320がヒットしてDC8を上回ることになります。多くの航空会社が両機種を採用しました。B707は1010機が売れましたが、DC8はその半分程度の556機でした。

　すでに1956年に大西洋の旅行者数で航空機が船を上回り、1957年には国内でも営業マイル数で航空機がバスや鉄道を上回り、一番の都市間交通機関となっていたのですが、速くて乗り心地のよいジェット機はさらに航空旅客の優位を強めます。プロペラエンジンに比べジェットエンジンは振動が小さかったのです。また、この時期、コンベア社が880/990シリーズの販売不振で旅客機から退出しています。同社は1950年代に軍用ジェット機では実績をあげていたので、スピードに固執したらしく燃費が悪すぎました。

　ダグラス社は内部でも問題を抱えるようになります。創業者ドナルド・ダグラス・シニアには1931年以来、愛人（Peggy Tucker）がいて、彼女が経営にも口を出し、彼女に気に入られないと幹部でも社長に会えないという状態に陥り、優秀な幹部が会社を去りました。1957年に2代目のダグラス・ジュニアが社長になりますが、世襲に対する社内の反発もありました。また、ジュニアはコスト意識が低く、経営を立て直せず、対立した古参の幹部がさらにやめていくことになります。引退したはずのシニアが経営に口をはさみ、社内の命令系統も乱れてきます。

　その後、1960年代半ば、ダグラス社は大型のDC8、中型のDC9は売れていたのですが、受注が多すぎて生産コストの拡大を招きます。第2次世

界大戦中のカーチス・ライト社と同様の理由で衰退します（§5参照）。ベトナム戦争の影響で航空機産業では人件費・材料費が高騰していたうえに、納期を逸したことで航空会社への違約金を払わなければならなくなり、ダグラス社の財務状況はますます悪くなります。

　自力再建は困難とみたダグラス社は現金を持った相手との合併を模索します。6社が手をあげますが、提示額が一番大きなマクダネル社との合併に踏み切りました。マクダネル社は軍用機では実績があったのですが、旅客機に弱かったので、以前からダグラス社の買収に関心があり、副社長1人をダグラス社の調査にずっとあたらせてチャンスをうかがっていました。従業員はマクダネル社が45000人、ダグラス社が80000人でしたから、小が大を飲み込んだ形です。マクダネル・ダグラス社という社名になりダグラスの名前は残りますが、本社はマクダネル社のあるセントルイスに移り、ダグラス家の経営への関与も次第に消えていきます。

　ボーイング社はエンジン3つの中型機であるB727（1963年10月初飛行）、さらに小型機のB737（1967年4月初飛行）を売り出します（B717というのはB707の軍用輸送機［KC135］の別称でしたが、マクダネル・ダグラス社買収後は同社のMD95をB717としています）。B737には社内で慎重論もあったのですが、西ドイツ（当時）のルフトハンザ航空がヨーロッパ大陸での短距離路線用に注文してきたので開発されました。B737はさまざまなバージョンが出され、操縦室の電子化も行われ、今日でも広く活躍しています。ただ、1980年代に短距離クラスに進出してきたヨーロッパのエアバス社に対してボーイング社は抜本的な新型機で対抗せず、B737の改良で対応したことには消極的だったとの批判もあります。

8　ジャンボジェットとボーイング社の一人勝ち

　1964年に空軍の大型輸送機入札で、ロッキード社、ダグラス社、ボーイング社の3社が競います。世界のどこの戦場にも大量の物資や兵士を迅速に運べることが求められました。結局、1965年9月にロッキードが受注しC5Aギャラクシーとなります。この決定は政治的要素が強かったといわれています。計画段階からボーイング社は空軍に協力していたのですが、ロッキード社が逆転します。長距離、大型で不整地滑走路（整備されていない滑走路）でも着陸できるという条件のうち、不整地滑走路での着陸の条件を空軍とロッキード社がひそかに緩めて入札価格勝負になります。空軍が求めた115機に対しての入札価格はボーイング社が23億ドル、ダグラス社が20億ドル、ロッキード社が19億ドルでした。ロッキード社は工場をジョージア州マリエッタに作ると発表しましたが、この州選出のラッセル（Richard Russell）議員が上院軍事委員会委員長でした。生産の一部をサウスカロライナ州でも行うとしましたが、ここは下院軍事委員会委員長リバース（Mendel Rivers）の地元でした。

　ところが、開発の段階で早くも10億ドル以上が余計にかかり、重量オーバーに対処するため主翼を軽量化したところ亀裂が生じたためさらに20億ドルがかかり、最終的にはボーイング社の提示額の2倍以上がかかりました。条件を緩めた不整地滑走路着陸もまったくクリアできませんでした。できあがったC5Aは大きく目立って敵からの攻撃に対して脆弱で、前線には小さな輸送機が有効ということが明らかになりました。この事実は入札時には国防省も理解しておらずロッキード社の責任ではありませんが、C5Aでのロッキード社の仕事ぶりはお粗末なものでした。

　敗れたボーイング社はすぐに大型旅客機の開発を開始します。またしても、パンナム航空のトリップ社長がボーイング社に大型機の開発を持ちか

けます。ダグラス社のDC8は機体を長くすることでの大型化が行いやすかったのですが、B707は機体を長くすると車輪の位置も変えなくてはならず、大幅な設計変更になりコストがかかってしまいます。ボーイング社は思い切って新機種の開発に乗り出しました。ボーイング社のアレンとパンナム社のトリップは釣りやゴルフをしながら商談することが多かったそうですが、1965年夏のアラスカへの旅行で釣りをしながら「君が大型機を作れば僕が買う」「君が買うならば僕も大型機を作る」といったノリで決まってしまいました。厳密にはC5Aの開発チームとは別にC5Aの入札結果の出る前からB747の開発がスタートしていたので、C5Aのために開発した技術をそのまま転用したわけではありません。ただ、GE社とP&W社がC5Aのために大型ターボファンエンジンの開発を始めていたことが大型旅客機の実現可能性を高めていました（ただ、実際には機体と並行してP&W社が開発したので、同社にもボーイング社にも大変な労苦をもたらします）。

　トリップはB707を2階建てにしたものを想定していました。C5Aのボーイング案も、最終的なロッキード案も内部は2層になっていて下に軍事車輌、上に兵士が乗ります。ただ、ボーイング社のチームは2階建て旅客機では非常時での乗客の避難が難しいと考え反対します。国の安全規制では90秒で全員が機外に避難できなくてはならないのですが、2階からの滑り台での脱出は乗客にとって恐怖心もあり難しそうでした。実物模型（モックアップ）を視察に来たトリップらのパンナム社のスタッフも2階に登らされるとその高さに驚かされました。2階建てを諦めさせるためボーイング社はわざとぐらぐらした階段をつけて不安感をあおったという噂も流れました。

　偶然ですが1965年、貨物コンテナの新しい標準が決まりました。断面は8フィート（2.44メートル）四方です。これを2つ並べて機体の下部に収めて円を描いて胴体の設計がされました。これだと客室部は通路が2つで10人1列になります。こうしてボーイング社は2階建てでなくワイドボディ（広胴）を推進することになり、パンナム社側もその広さに納得し

この案を受け入れます。こうして400人以上を乗せることができるB747、通称「ジャンボジェット」の開発が開始されます。

　ただ、トリップ社長の本当の狙いは超音速旅客機（SST）でした。アメリカで開発が進まないので、挑発するためわざわざ英仏共同開発のコンコルドを仮注文し、ケネディ（John Kennedy）政権に開発を開始させました。ボーイング社はロッキード社との入札に1966年に勝ち、政府から支援を受けてB2707として開発を進めており、実は社内ではSSTの開発チームのほうが花形でした。しかし、高空飛行でのオゾン層の破壊や超音速飛行から生じる衝撃波の地上への影響が懸念されるとともに、燃料効率が悪いことから採算が合わないという理由で1971年に政府助成金が打ち切られます。1969年に初飛行したコンコルドも1970年代に原油価格が高騰し採算が合わなくなり、200機を生産する予定が20機のみが生産され14機が就航しただけに終りました。パンナム社も発注を取り消し、イギリスとフランス以外には購入した会社はありませんでした。結局、2003年に運航終了となりました。

　トリップ社長はB747を超音速旅客機が就航するまでの「つなぎ」とし、その後はB747を貨物機に転用するつもりでした。ですから、B747は大きな貨物を入れるために先頭部が上に開くことを想定し、操縦席はラクダのコブのような部分にあります。コブの部分で操縦席の後のスペースはボーイング社としては機械室、パンナム社のスタッフも乗務員の休憩室にするくらいにしか思っていなかったのですが、トリップの「鶴の一声」で客室になります。当初はファーストクラス向けのラウンジになりました。現在はビジネスクラスの座席として使われることが多くなっています。

　B747はP&W社のエンジンの開発が手間取ったため納期が遅れ、ボーイング社は1969年には倒産寸前まで追い詰められます。ボーイング社の工場ではエンジンの付いていない機体が生産され、バランスを取るためエンジンの場所に重りをつけなければならない始末でした。ようやく1970年にパンナム社を皮切りに運航が開始されますが、エンジントラブルが続出します。当初は、P&W社の幹部は問題を深刻に考えていませんでした

が、ボーイング社側が彼らを乗せた試験飛行中にわざとエンジントラブルが起きるような操作をして恐怖心を味わわせました。両社が協力して原因を明らかにし、ボーイング社にはP&W社にない構造分析用のソフトウェアがあったので問題点を解決することができました。

B747は大きすぎて空席率が高くなり航空会社からの評判は芳しくなく、売上が伸びませんでした。ボーイング社は1968年には10万人以上の従業員がいたのですが、1971年には3万7000人になります。ただ、次第に少ない労働力でも生産できるノウハウを身につけます（Part 2 §6参照）。

1978年以降、航空旅客業の規制緩和が進むと、価格競争が激しくなり航空会社もコストに敏感になり、航空会社は国際的なハブ空港を大型機で結ぶという路線網を築きます（Part 2 §10参照）。路線を集約して充席率が高くなると大型機は客単価が安くなり、B747は人気が出てきました。さらに幸運だったのは海外の航空会社（多くは国営企業）が見栄でB747を購入するようになったことです。航空会社としては自社のマークが描かれたB747が主要空港にあることが誇りになりましたので、隣国の航空会社がB747を買ったならば自分も買わないわけにはいかなかったのです。

1966年にボーイング社とパンナム社がB747の開発に合意した年に、アメリカン航空が双発での250席程度の中型機を要望します。しかし、他の航空会社が双発機でのアメリカ大陸横断は不安なので3発機を求めるとロッキード社とマクダネル・ダグラス社がそれぞれL1011（トライスター）とDC10を開発します。機体も300席程度となりB747より少しだけ小さいものになりました。

L1011はロッキード社にとって初めてのジェット旅客機でしたが、ヨーロッパでの売り込みを考えてイギリスのロールスロイス社にR211というエンジンの開発を任せます。このエンジンは炭素繊維と樹脂を組み合わせたハイフィルという複合材を採用し、軽量化を図りました。しかし、鳥の吸い込みを想定した鳥打ち込みテストでハイフィル製のターボファンの羽根が壊れてしまったため、チタン合金製に換えられました。開発費がかさんでロールスロイス社は経営破綻してしまいます（のちに国営化され再建

されます)。L1011は洗練されたデザインの機体でしたが、ヒット作とはならず1981年末に生産中止となりました。

　C5Aの開発コストの超過とL1011の不振でロッキード社は経営危機になります。共和党のニクソン（Richard Nixon）政権は救済することを決めますが、議会では大激論となりました。共和党には政府の市場への介入を嫌う議員が多く、民主党には大企業だから救済されることに批判的な議員がいました。そこに、地元にロッキード社関連企業があるか否かという理由が入ってきました。結局、1971年夏、下院は192対189、上院は49対48という僅差で政府債務保証（銀行が2億5000万ドルを融資するが返済不能となった場合は政府が返済する）が可決されました。上院での投票行動は党を問わず地元にトライスター関連施設がある議員は全員賛成、DC10かGE社の関連施設のある議員は1人を除いて全員反対しました。その1人はミズーリ州選出でマクダネル・ダグラス社の地元ですが、同時にトライスター購入を予定していたTWA航空の地元でもあったからです。党派色やイデオロギーでなく経済的理由で投票が行われました。

　マクダネル・ダグラス社のDC10は就航後の1974年に後部貨物扉が吹き飛んで墜落事故を起こします。1979年には左エンジンの脱落から墜落事故を起こします。検査すると他の機体でもエンジンに亀裂が見つかり38日間の飛行停止処分となりました。これは、設計上のミスでなく品質管理が問題とされ30万ドルの罰金でした。亀裂はまたマニュアルを勝手に変更した航空会社の整備方法にも問題がありました。これらの事故はDC10の売上に悪影響を与えますが、KC10という給油機の空軍への納入で助けられました。

　両社にとって根本的な問題はそもそも2つの機種が市場を分け合ったことでした。1位のアメリカン航空と2位のユナイテッド航空がDC10、3位のTWA、4位のイースタン航空、5位のデルタ航空がL1011を採用しました。2機種にとっては市場は小さすぎどちらも生き残れませんでした。旅客機は販売開始後8年から14年かけて400機から600機を売って損益分岐点に達するといわれていましたが、DC10が19年間で446機、

L1011は14年間で249機と苦しいものでした。また、150〜250席クラスの市場に対応する旅客機がない状態となり、後述のようにヨーロッパのエアバス社に市場を奪われました。結果論にはなりますがどちらか1社はこの市場を狙うべきでした。合併後のマクダネル・ダグラス社は170〜180機のDC11を計画しましたが、取りやめてしまいました。マクダネル・ダグラス社の経営は吸収した側のマクダネル社主導で創業者（James McDonnel）がまだ現役でした。彼はDC10の失敗で懲りたため、同社の伝統である軍用機市場に安住することを望みます。こうして、同社は旅客機での競争力を保てず、1997年にボーイング社に買収されます。

　両社に不利だったのが規制の変化です。もともと双発機は1つのエンジンが停止してしまうと危険なので、着陸可能な空港に60分で行ける航路を飛行することが求められていました。これはプロペラ機時代の1953年に制定された連邦航空局の規制です。ところが、航空会社は燃費のよい双発機を導入したいので、これを延長するETOPS（Extended-Range Twin-Engine Operation）を求めていました。1985年に機種ごとに審査して認められれば120分に延長できることになりました。1988年には180分に延長されます。本来は実績を積んでから延長されるものが、1994年に早期認可が認められることになり、1995年に就航したB777は就航と同時に180分ルールが適用されました。さらに、2000年には207分になりました。双発機が長距離、洋上飛行ができるようになると3発機はコストも整備時間もかかるので敬遠されました。

　また、従来、旅客機は機長、副操縦士、航路・機体をチェックする航空機関士の3人による運航でしたが、電子機器の発達により航空機関士を除いた2人編成が可能になってきました。航空会社は当然、人件費削減のために導入を希望しますが、乗務員の労働組合は反対していました。これも1981年、大統領の諮問委員会が2人編成を認める結論を出します。L1011もDC10も3人編成でしたので、この点でも不利でした。

9 航空宇宙産業の発展

　ロケットエンジンを戦闘機やミサイルに搭載し実戦配備したのはナチス・ドイツでしたが、アメリカでもロケットの研究開発が行われており、クラーク大学のゴダード（Robert Goddard）教授は 1926 年に小型ロケットの打ち上げに成功し、物理学の講義で宇宙旅行の可能性を論じていました（学生たちは半信半疑だったようです）。第 2 次世界大戦中、アメリカ軍も飛行機から地上を狙ったり、逆に地上から飛行機を狙ったり、戦車から発射するロケット弾を実戦で使用しました。さらに、戦後、ドイツから接収した部品をもとに V2 号を再現し発射実験を行いました。

　1947 年に空軍が独立して、国防総省が設立され陸海空軍の 3 つがその下におかれます。空軍だけでなく陸軍も海軍も、航空機開発を継続しますが、ミサイル開発もそれぞれが行うことになりました。当初、陸軍はアラバマ州のハンツビルの工廠（軍が直接運営する工場）で、ドイツから連れてきた V2 号の開発者フォン・ブラウンを長として、戦車の生産で関係の深いクライスラー社を使って内製することを考えていました。空軍は南カリフォルニアの航空機メーカーを使った外注を目指していました。航空機メーカーは国営工場はアメリカの伝統に反すると批判を展開したため、結局、3 軍によるそれぞれの開発が行われることになりました。

　空軍は大陸間弾道弾のアトラス、タイタンさらに中距離のトールを開発していました。陸軍と海軍は合同で中距離のジュピターを開発していました。液体燃料を使用していたのですが、蒸発ガスや腐食の問題など液体燃料を艦船に搭載して扱うのは危険であり、またポンプを内蔵するのでミサイルを小型化しにくい難点がありました。海軍は小型軽量の固体燃料ミサイルを望み、共同開発から降ります。その後、海軍は独自に潜水艦から発射するポラリスを 1960 年に開発しますが、ほとんど浮上しない原子力潜

水艦と核搭載ポラリスの組み合わせは敵から察知されにくい優れたシステムでした。陸海空軍それぞれによる開発は、重複による浪費という見方もありますが、競争が進歩を促すこともありました。

1955年、アイゼンハワー（Dwight Eisenhower）大統領は、1957年7月から58年12月の国際地球物理学年の間に人工衛星を打ち上げると発表します。ただ、陸軍と空軍には重要なミサイル開発を続けてほしかったので、ジュピターの開発から降りた海軍に人工衛星ヴァンガードの開発をさせます。この選択がまずかったのか、人工衛星の打ち上げはソ連に先を越されてしまいます。1957年10月にスプートニクが打ち上げられます。アメリカは遅れて1958年1月にエクスプローラーを打ち上げますが、それは海軍でなく陸軍が開発したものでした。ロケット技術は核戦略にとって重要でしたから、ソ連に先を越されたことはアメリカ市民にとってもショックでした。そのため、アメリカでは小学校から大学院までの科学教育の充実が謳われたり、国防総省内に先端研究計画局（Advanced Research Project Agency, ARPA。のちにDefenseという言葉がつき、DARPAとなります）が設置され、企業や大学に研究資金を提供します。ただ、実際には政府は偵察機からの情報でソ連との「ミサイルギャップ」（ソ連のほうが多くのミサイルを持っている）は深刻でないとわかっていましたが、それを公表はせず世論の危機感をあおり予算を増やしました。

一方、宇宙開発にも本腰を入れるべきだとして、NACAが改組されNASA（National Aeronautics and Space Administration、航空宇宙局）となります。NACAは自ら研究施設を持ち、どの企業も利用できるデータを提供してきました。戦後、ジェットエンジンの開発では陸軍航空隊が極秘に行ったので蚊帳の外でしたが、音速を超えるX1やマッハ6を出すX15などを開発していましたし、ミサイル研究にも貢献していました。

新たにスタートしたNASAは単なる研究開発組織でなく、ロケットを打ち上げるというプロジェクト遂行組織に変わりました。さらに、企業への委託研究を本格化します。NACA時代も企業との関係は密接でしたが、企業がNACAの施設や収集したデータを利用することはあっても、

企業に何かを開発させることはしていませんでした。NASAはプロジェクト遂行のために企業に開発の委託を行います。ただ、NASAの主流になったのはフォン・ブラウンが率いる陸軍のチームでした。陸軍は伝統的に自分で開発する組織だったので、その伝統も残り、あくまでもNASAが計画を立てて開発を企業に割り振るようになります（フォン・ブラウンが経験したドイツのV2号開発も政府が自ら行う開発のプロジェクトでした）。

　NASAは非軍事的な宇宙開発を担当し、国防省とは棲み分けをしているわけですが、冷戦が激化する中、ソ連との宇宙開発は国威をかけた競争となっていきます。次の目標は有人宇宙飛行でしたが、ここでもソ連が先行します。1961年4月12日にソ連がガガーリン（Yuri Gagarin）による有人宇宙飛行に成功します。アメリカは5月6日にシェパード（Alan Shepard）が成功します。NASAは人命重視で慎重だったため後れをとったともいわれていますが、ガガーリンが地球の軌道に入っていたのに、シェパードは15分のみの飛行で、だいぶ見劣りするものでした。もっとも1959年の時点で37回の人工衛星を打ち上げ、軌道に乗ったのは3分の1足らずでしたから、当時のロケット技術は不安定なものだったのです。

　1961年に就任したケネディ大統領は5月に議会で、1960年代末までに月に有人着陸を行うと議会で発表しました。新しいゲームなのでそれまでの劣勢を挽回できると期待しました。マーキュリー計画、ジェミニ計画、続いてアポロ計画が実行に移されます。

　戦闘機で成長していたマクダネル社は、人工衛星の設計・生産も受注していましたが、宇宙計画で最も恩恵を受けたのが、ノースアメリカン社とヒューズ社でした。ノースアメリカン社はX15という極超音速（マッハ5～6）の実験機の開発によって、NASAと空軍から信頼を得ていましたので、アポロ宇宙船と打ち上げ用のサターンV型ロケットの2段目を担当します。ただし、計画は変更になり、宇宙船は司令船と呼ばれるようになり、それとは別の着陸船が月面を往復することになります。月着陸船はグラマン社が担当し、エンジンはベル社が担当します。ベル社のエンジンは

調子が悪かったので、NASAが間に入ってノースアメリカン社のロケットダイン事業部のスタッフを加えて仕上げさせます。ヒューズ社は航空事業家・冒険家であったヒューズ（Howard Hughes）が1930年代に設立した会社の1つです。第2次世界大戦中は事業を拡大しすぎて失敗しますが、戦後の通信衛星の製作では大きな利益を得ます。

月着陸を目指したアポロ計画はアポロ1号で地上訓練中に火災が発生し、3人の宇宙飛行士が死亡してしまいます。そのため、18カ月も計画が遅れました。それでも、アポロ8号で一気にペースを上げ、月の軌道に乗ることに成功します。月は自転しませんから、人類は初めて月の裏側を見ることができたのです。こうして、1969年7月、ケネディ大統領の宣言通り、1960年代の最後の年にアポロ11号が月着陸に成功します。しかし、1960年代後半には宇宙開発に巨額の予算をつぎ込むことへの疑問の声も出始めます。結局、11年半で235億ドルを費やし、アポロ計画は予定の20号でなく17号で終了となります。NASAも宇宙開発の社会貢献を強調しなければならなくなります。たしかに、宇宙飛行士の健康状態を地球から監視する技術が患者の遠隔モニタリングに活用されたり、合金の接合、太陽電池や太陽エネルギーの熱変換などの技術が民間に活かされることが強調されましたが、いずれも間接的なスピンオフでした。

火星など他の惑星への有人探索は予算が認められにくくなる中、次の大きな計画であるスペースシャトルは、使い捨てでなく何回も往復できる宇宙船でした。このような宇宙船はアポロ計画以前にも検討されたことはあったのですが、ソ連との競争に勝つことが重視されコスト面は軽視された時代には注目されませんでした。ところが、1970年代に入り予算抑制の観点から再び注目されます。ここでも打ち上げブースターもシャトル自身もノースアメリカン（合併によって当時はノースアメリカン・ロックウェル）社が受注します。ただし、多くの企業が下請けとして参加し仕事を分け合っています。耐熱タイルはロッキード社、ジェネラル・エレクトリック社、マクダネル・ダグラス社などが競いましたが、実験に耐えたのはロッキード社のものだけでした。ただし、船体との接着がうまくいかず、

開発の遅れ、また、配備後も打ち上げ延期をしばしば引き起こしました。

スペースシャトルはその目的がはっきりしなかったので、産業への貢献が強く強調されました。スペースシャトルによる衛星打ち上げは低価格で実施できそうでした。宇宙の無重力の環境で地上ではできない、大きく完全な結晶の生成などの科学実験を行うことも期待されました。ところが、スペースシャトルは結局、打ち上げ延期も多く、打ち上げ頻度もコストも予想より悪いものでした。計画では毎週または隔週の打ち上げで1回当り7000万から1億ドルでしたが、実際には年に7回の打ち上げで1回当り5億ドルでした。産業利用は限定的で、人工衛星打ち上げのための使い捨て型ロケットも開発が再開されました。スペース・シャトルは1986年と2003年に乗務員全員が死亡する事故を起こしましたが、結局、135回の打ち上げが行われ2011年に引退しました。

10　戦闘機メーカーの興亡

ジェットエンジンは燃費が悪かったので旅客機ではなかなか実用化されず、まず軍用機に導入されます。名機マスタングを作ったノースアメリカン社がジェット戦闘機のF86セイバーを作ります。朝鮮戦争で北朝鮮軍がソ連製ジェット戦闘機ミグ15を投入してくるとアメリカ側が劣勢に立ちます。セイバーが急遽、実戦配備されました。また、初期のジェット機は加速が悪かったので、航空母艦で使いにくく海軍も導入が遅れました。海軍は朝鮮戦争でミグ15と遭遇してからジェット戦闘機の導入に積極的になりました。

戦後、急成長したのがマクダネル社です。1939年にセントルイスで創業した企業で戦時中はダグラス社やボーイング社の下請生産をしていまし

た。海軍が実力を評価し1942年にジェット機の試作を依頼します。戦争は終わってしまいましたが、1945年9月に生産も依頼します。これがファントムです。のちに海軍向けのジェット戦闘機、F2バンジー、F3デーモン、空軍向けのF101ブードゥーを開発します。1953年、ヴォート社のF8Uにデザインコンテストで負けますが、翌年、超音速・全天候型の攻撃・爆撃機として再提出し採用されます。これがその後、海軍によって戦闘機に変更されF4ファントムIIとなりました。同機は2人乗りでパイロットの他に、電子制御のミサイル・レーダーの管理に1人が携わるというハイテク機でした。

　ファントムIIは大変優れた性能を発揮し、海軍機にもかかわらず空軍でも採用されるという異例の大ヒット作となり、11カ国に輸出・ライセンス生産が行われ、日本の航空自衛隊でも主力戦闘機となりました。マクダネル社は後発でしたが、設立がジェット機の時代に入る時期だったのでよいタイミングでした。ジェット機はただエンジンを変えればよいだけでなく、機体のデザインそのものを高速に適したものに変える必要があったのですが、既存企業もジェット機では実績がなく、横一線でした。マクダネル社が追い越すチャンスがあったのです。

　一方、統合も起こります。まず1943年にコンソリディテッド社がヴァルティ社と合併しコンベア社となりますが、1946年に経営危機になります。ロッキード社との合併は司法省に反対されるので断念し、空軍はノースロップ社に持ちかけますが断られ、1953年にジェネラル・ダイナミックス社（1952年に海軍艦艇のメーカーだったエレクトリック・ボート社から改称し航空機産業に関心を持っていました）に合併されます。1960年代初めまでダラスフォートワースの工場は引き続きコンベアと呼ばれました。後退翼機は低速での安定性のために翼面積を大きくすることが必要となります。後退翼の後ろの部分も翼にする三角翼の戦闘機が開発され、ジェネラル・ダイナミックス社は三角翼のF102デルタダードやF106デルタダガーなどを生産しました。この三角翼はボーイング社とノースアメリカン社の後退翼と同様、ドイツから得た研究データを利用したものです。

リパブリック社は第2次世界大戦中に最も多く生産された戦闘機P47サンダーボルトのメーカーで、戦後もF105サンダーチーフは強靭な機体と高性能でベトナム戦争で活躍しました。しかし、高速重量級の戦闘機以外の分野に進出できず衰退し、1965年にフェアチャイルド社に買収されます。

　1961年のリング・テムコ（Ling-Temco）社がヴォート（Vought）社を買収しLTV社となります。1967年にノースアメリカン社がロックウェル社と合併してノースアメリカン・ロックウェル社となり、さらに1973年に改称してロックウェルインターナショナル社となります。第2次世界大戦中の名機コルセアをつくったヴォート社、マスタングを作ったノースアメリカン社の名前が消えてしまいました。1961年にマーチン社が非防衛産業のマリエッタ社と合併しました。さらに1967年のマクダネル社がダグラス社を吸収合併しましたが、前者が軍用機、後者が旅客機に特化していたので重複はあまりありませんでした。

　1962年に開始されたF111 アードバークは、経費節約のため、初めから空軍と海軍と両方で使用できる戦闘機として開発されました（ファントムIIはもともとは海軍機として開発され、好評だったので空軍も採用しました）。ジェネラル・ダイナミックス社は海軍に強いグラマン社と組んで開発を行います。F111は主翼の角度を変えられる可変翼を持っていますが、機体が重くなりすぎ求められた性能を達成できず空軍で戦闘爆撃機としてのみ配備されました。ただ、グラマン社は艦載機向けの可変翼の開発を進めF14トムキャットを完成させ、これは成功しました。

　ファントムIIで成功したマクダネル・ダグラス社はその後も、軍用機では成功をおさめます。1967年、モスクワ近郊の航空ショーでソ連がミグ23とミグ25を発表します。とくにミグ25は公表数字で見る限りファントムIIを含めたアメリカのどの戦闘機より優れていました（のちに同機はアメリカの高速爆撃機や偵察機の迎撃用で、戦闘機としての空中戦能力はそれほど高くないことが明らかになりました。また前者はミサイル、後者は偵察衛星に取って代わられたので重要でなくなります）。衝撃を受

けた空軍は後継機の開発を始めます。マクダネル・ダグラス社、ノースアメリカン社、フェアチャイルド・リパブリック社の間の入札競争でマクダネル・ダグラス社が勝ち、F15 イーグルとして 1972 年に初飛行します。F15 は複雑な攻撃装置も自動化することによってパイロット 1 人で操縦できます。また、大型旅客機・輸送機用に開発されたターボファンエンジンは加速性に優れていたので F15 をはじめ軍用機にも使用されるようになりました。戦闘・爆撃の両方の機能を持ち、F111 の代替になりました。就役後、大きな空中戦は経験していませんが、無敵といわれてきました。

しかし、空軍はまた軽量で機動性に優れた戦闘機の開発を進め、ジェネラル・ダイナミックス社が F16 ファイティング・ファルコンを開発し、1979 年に配備されます。従来は操縦桿からワイヤで尾翼や補助翼を動かしてきました。もちろん梃子の力を用いているので大きな翼を動かせるのですが、基本的にはパイロットの力が翼を動かします。F16 では、それに対して電子制御で翼を動かす"Fly by Wire"方式が初めて導入されました。この戦闘機は好評でジェネラル・ダイナミックス社は F111 での汚名を返上しました。

F16 の入札で敗れたノースロップ社はマクダネル・ダグラス社と組んで、今度はジェネラル・ダイナミックス社と LTV 社のチームに勝って契約を獲得し F18 ホーネットを開発します。ただ、両者は国内向けではマクダネル・ダグラス社が主契約者でノースロップ社は下請け、輸出向けにはノースロップ社が主契約者でマクダネル・ダグラス社が下請けと決めていたのですが、1979 年にマクダネル・ダグラス社がカナダに直接輸出したため、ノースロップ社は訴えました。マクダネル・ダグラス側は輸出しているのは、同社が主契約者の海軍バージョンと主張しました。その後も、海軍バージョンはスペインやオーストラリアにも輸出されましたが、ノースロップ社の空軍バージョンは売れませんでした。1985 年に和解が成立し、マクダネル・ダグラス社が 5000 万ドルを支払って、すべての機種で主契約者となることになりました。このような係争があったにもかかわらず、両者はその後も是々非々で共同開発でパートナーになっています。

1980年代以降のイノベーションが、機体のデザインや材料を工夫してレーダーに捕捉されにくくしたステルス機です。その主役はそれまで劣勢だったロッキード社とノースロップ社でした。1958年に就役したロッキード社のF104スターファイターは空軍からの評判があまり芳しくなく（海外では強引な売り込みで成功しました）、同社は戦闘機の開発から撤退していました。ノースロップ社も創業者ジョン・ノースロップがこだわったブーメランのような"Flying Wing"の開発プロジェクトが1949年にキャンセルになってから著名な戦闘機を出せずにいました。しかし、両社は極秘のプロジェクトとして政府資金で1950年代からステルス機能の研究を行ってきました。とくにロッキード社は超高空飛行のU2や超高速飛行のSR71など偵察機では実績がありました。

　1974年、5社がステルス機の開発の検討を国防省から依頼されますが、ノウハウのあったノースロップ社とロッキード社が当然ながら最終候補に残ります。結局、1976年にロッキード社が選ばれF117ナイトホークを生産します。ロッキード社とノースロップ社の技術が優れていたのでステルス機の入札は今後、両社を軸に争われていきます。爆撃機の入札では1981年にノースロップ社がボーイング社とLTV社と組み、ロッキード社とロックウェル社のチームに勝ち、B2となります。この爆撃機の形状は偶然の要素が強いのですが、創設者ノースロップの"Flying Wing"によく似ています。彼はこの嬉しい知らせを聞いてまもなく亡くなりました。

　F117は亜音速で地上攻撃が主だったので、空中戦のできるステルス戦闘機が求められました。空軍のAdvanced Tactical Fighter（ATF）では、1986年末までにロッキード社とジェネラル・ダイナミックス社とボーイング社とによるチームがF22を、ノースロップ社とグラマン社のチームがF23の試作機を完成させました。F23のほうがステルス機能では優れていましたが、F22のほうが機動性で優れていたので選ばれました。F22ラプターです。F23はエンジンの熱が地上から赤外線探知されるのを防ぐためエンジンを胴体の上面に置きました。そのため、ステルス機能は高まりましたが、F22が採用した推力変向式排気口を採用できませんでした。

これはエンジンの噴射の方向を上下に動かすもので、双発エンジンですからそれぞれが上下に噴射の方向を変更できると、方向舵を助け機動性が増します。高空では空気が薄く舵の効き目が弱くなるので、噴射の方向を変えるのは機動性にとって重要です。

海軍も Advanced Tactical Aircraft（ATA）の開発を目指し、1988年にマクダネル・ダグラス社とジェネラル・ダイナミックス社のチームがノースロップ社、グラマン社、LTV 社のチームに勝ちました。珍しくロッキード社とノースロップ社以外からの勝者でしたが、コスト超過、スケジュール遅延のため 1991 年に開発中止となりました。1960 年代、70 年代の戦闘機のリーダーだったマクダネル・ダグラス社が次世代のステルス技術に乗り遅れ陰りが見られます。

さらに、1990 年代には Joint Strike Fighter の開発が行われ、1996 年に国防省はボーイング社とロッキード（合併してロッキード・マーチン）社の 2 社をコンセプトの段階で選びます。ここで落選してしまったマクダネル・ダグラス社は、旅客機だけでなく戦闘機でも劣勢になりボーイング社との合併に向かわざるを得なくなったといわれます。やはり落選したノースロップ社（合併してノースロップ・グラマン社）とブリテッシュ・エアロスペース社はロッキード・マーチン社のチームに参加し、マクダネル・ダグラス社と合併したボーイング社と競いました。結局、2001 年にロッキード・マーチンのチームが勝ち、F35 ライトニングⅡとなりました。有力戦闘機メーカーであったマクダネル・ダグラス社をとりこんでも勝てなかったことでボーイング社の戦闘機からの退出が決定的になりました。ただ、同社は無人の軍用機の開発は行っています。

1990 年にクェートに侵攻したイラクを駆逐した（第 1 次）湾岸戦争では、F117 はじめ、アメリカのハイテク兵器の威力が遺憾なく発揮され、それまでの政府支援が無駄でなかったことが市民の間でも認識されました。しかし、1990 年代はソ連の崩壊後、冷戦が終結し、国防予算が削減され、軍用機・ミサイルへの需要が減少せざるをえなくなります。

図 1 は戦闘機の生産数です（1969 年以降は輸出も含みます）。図 1 には

ありませんが第2次世界大戦のピークは1944年の95000機でした。その後、1946年には1417機となりますが、グラフが示しますように1950年代前半の朝鮮戦争時には戦闘機・爆撃機がジェット化され生産も増えました。次のピークはベトナム戦争による1960年代中盤ですが、それ以降は減少傾向です。1980年代前半のレーガン政権による軍拡路線も生産には大きな影響を与えていません。2001年の同時多発テロ以降、アメリカは準戦時体制でしたが戦闘機の生産は低迷したままです。もちろん、1機あたりが高価になってはいますが、開発にも費用（企業負担分も）がかかりますので、戦闘機メーカーは苦境に陥っています。

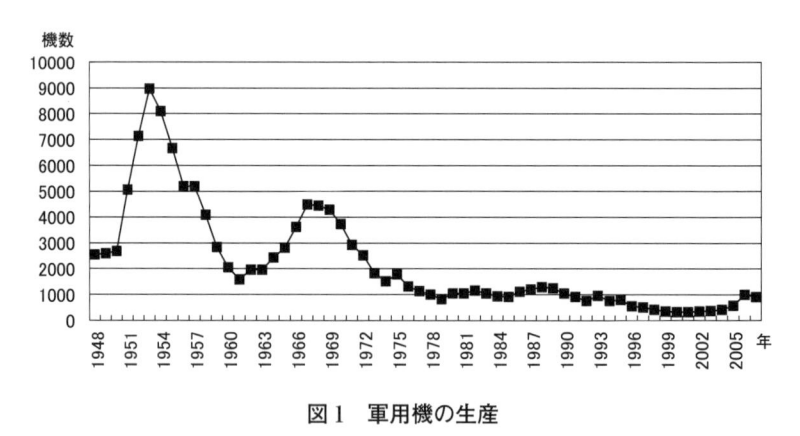

図1　軍用機の生産

出所　Aerospace Industry Association (various years) *Aerospace Facts and Figures.*

1993年の夏、クリントン（William Clinton）政権のペリー（William Perry）国防次官（のちに長官）は国防産業の幹部をディナーに呼び、国防費が削減されていくので企業も再編・合併が不可欠と説明しました。のちにこの会合は「最後の晩餐」といわれました。

実際に再編が進行します。まず、1990年代にフェアチャイルド社、LTV社、ロックウェル社が航空機部門から撤退します。マーチン・マリエッタ社は軍事電子部門では強かったので、GE社の同部門を買収しま

す。GE社はエンジン部門は保持します。コンソリディティッド社から続く伝統あるジェネラル・ダイナミックス社のテキサス州フォートワースの事業部を、ロッキード社がボーイング社やノースロップ社に競り勝って買収します。ジェネラル・ダイナミックス社は取引相手を空軍から陸・海軍に完全にシフトさせ、ミサイル部門をヒューズ社に売却し、GM社やクライスラー社の軍用車両部門を取得しました。

グラマン社は身売り先を探し、ノースロップ社と交渉しますが、不調に終わったので、公開にします。マーチン・マリエッタ社が19億ドルを提示しますが、ノースロップ社が21億ドルを提示して逆転します。こうして、1994年春にノースロップ・グラマン社が誕生します。

買収しそこねたマーチン・マリエッタ社は同年8月にロッキード社と合併しロッキード・マーチン社となります。1997年にはボーイング社がロックウェル社を買収し、同年にさらに、マクダネル・ダグラス社を吸収合併します。しかし、同じ1997年のロッキード・マーチン社によるノースロップ・グラマン社の合併は政府が認めませんでした（Part 2 §13参照）。

図2は主要企業の再編・統合の概要を示しています。1990年代に再編が進み、今日では主要軍用機メーカーはボーイング社、ロッキード・マーチン社、ノースロップ・グラマン社の3社になってしまいました。後述しますが、このうち旅客機を作っているのはボーイングだけです。こうして再編が進み航空機メーカーの数は少なくなりました。一方、もともと軍用機の買手は陸海空軍と海兵隊ならびに外国政府と限定されていましたが、航空会社も再編され旅客機の買手の数も少なくなっています。買手も売手も寡占状態になっていることの分析はPart 2 §11で行います。

カーチス (1910) ──────────────── カーチス・ライト (1929) ──────── 衰退

ライト (1909) ─┐
               ├─ ライト・マーチン (1916) ─┬─ ライト (1919)
マーチン (1912) ─┘   └─ マーチン (1917) ─────────────────

パシフィック・エアロ (1916) ── ボーイング (1917) ── ユナイテッド・エアクラフト・アンド・トラスポートグループ ─┬─ シコルフスキー (1943) ──
                                                                                                    ├─ チャンス・ヴォート (1943) ──
                                                                                                    ├─ ユナイテッド・テクノロジー (P&W) ─
                                                                                                    └─ ボーイング (1934) ──

ディビス・ダグラス (1920) ── ダグラス (1921) ────────────────

マクダネル (1939) ──────

ノースアメリカングループ ── ノースアメリカン
                            (1934、GM から独立 1948)

ロッキード (1916) ──┬─ 破綻 (1921) ──┬─ 被買収 (1929) ──┬─ 再建 (1932) ──
                   └─ 再建 (1926) ──┴─ 倒産 (1931) ──┘

コンソリディティッド (1918) ───────────────────────── コンソリディティッド・
フェアチャイルド (1920) ── エヴィエーショングループ ─┬─ ヴァルティー (1939) ── ヴァルティー (1942)
                                                    │   (コンベア)
                                                    └─ フェアチャイルド (1936) ──

セヴァスキー (1922) ──────── リパブリック (1939) ──

グラマン (1929) ──────────

ノースロップ (1932) ──── ノースロップ (再建 1939) ──

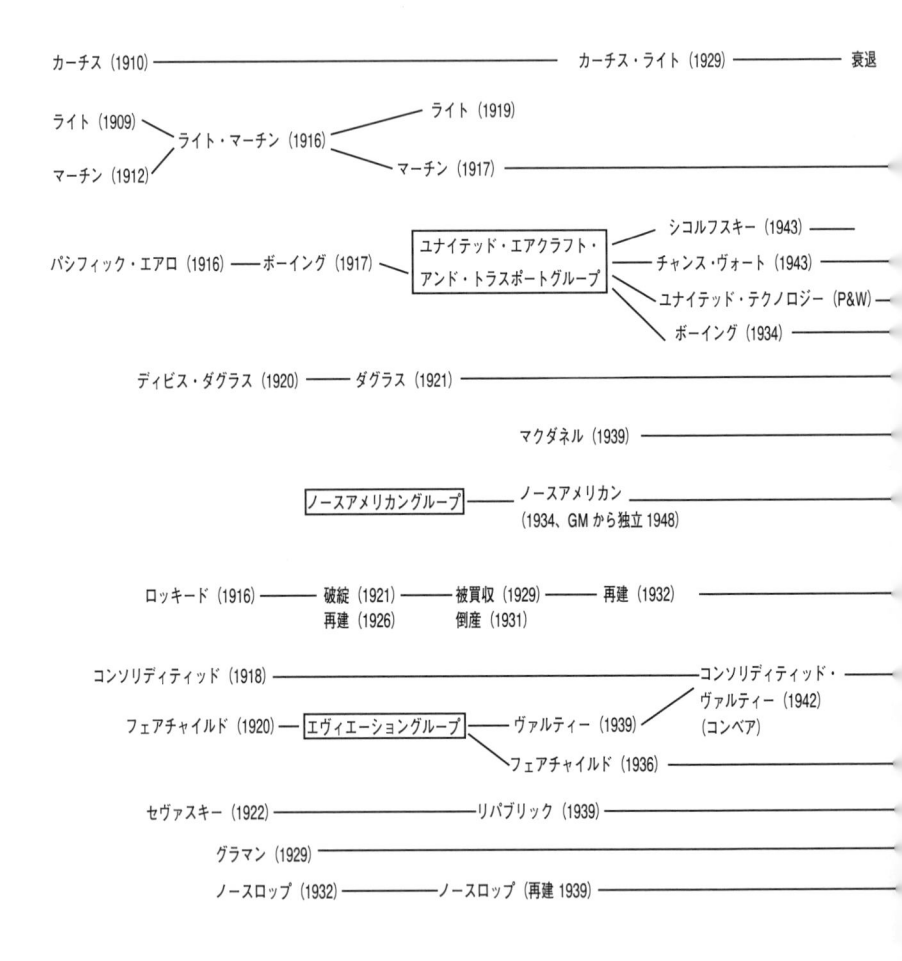

図 2　航空機メーカーの変遷

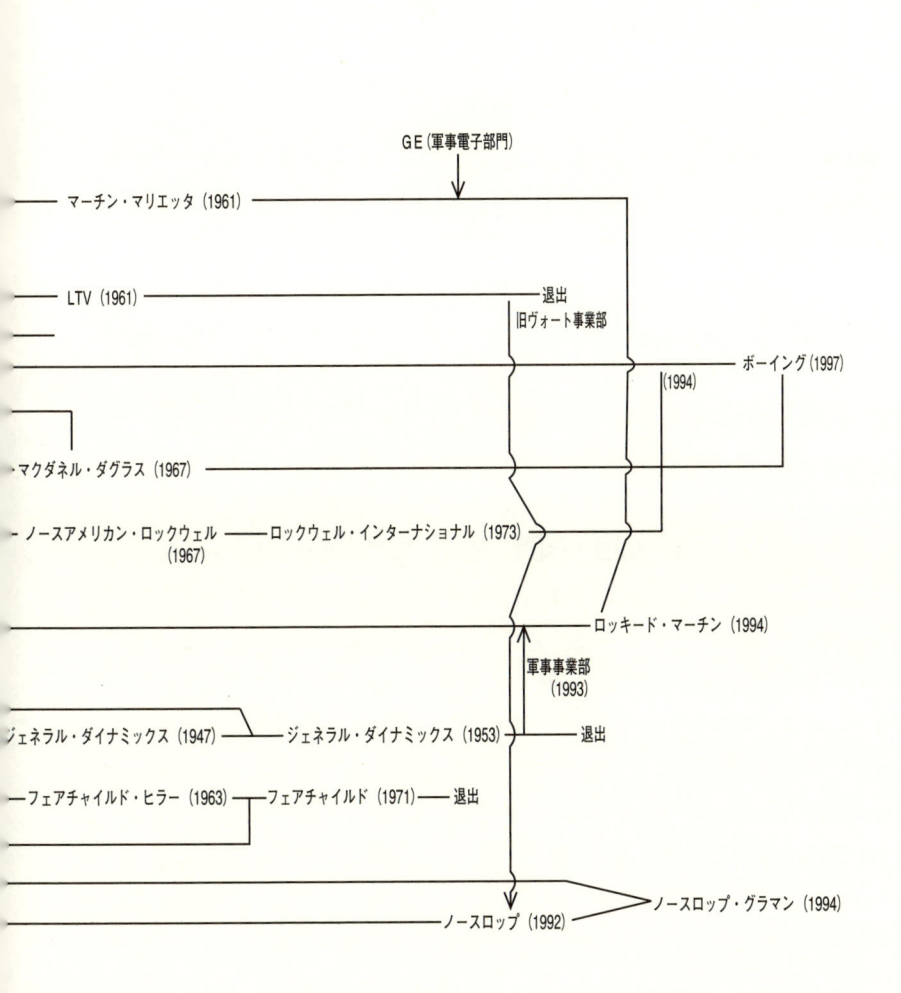

```
                              GE（軍事電子部門）
                                 ↓
── マーチン・マリエッタ（1961）─────────────┐
                                            │
── LTV（1961）──────────────┐ 退出          │
                            │ 旧ヴォート事業部 │
────┐                       ├────┐          │
    │                       │    │(1994)    ├── ボーイング（1997）
    │                       │    │          │
・マクダネル・ダグラス（1967）─────┤    │          │
                            │    │          │
・ノースアメリカン・ロックウェル ── ロックウェル・インターナショナル（1973）┤          │
        （1967）                                        │
                                                        │
────────────────────────────↑── ロッキード・マーチン（1994）
                            軍事事業部
                            （1993）
・ジェネラル・ダイナミックス（1947）── ジェネラル・ダイナミックス（1953）── 退出
                                            │
・フェアチャイルド・ヒラー（1963）── フェアチャイルド（1971）── 退出
                                            │
                                            ↓
                            ── ノースロップ（1992）── ノースロップ・グラマン（1994）
```

出所 Pattillo, P. M.（2000）*Pushing the Envelope*, Ann Arbor: The Unversity of Mishigan Press.
　　などをもとに筆者作成。

11 エアバス対ボーイング

　1964年、イギリス・フランスによるコンコルドの共同開発が進む中でイギリスから欧州エアバス（空飛ぶバスのような大型機）の構想が提案されます。フランスはコンコルドへの資源が分散されるとして消極的でしたが、ドイツ（当時は西ドイツ）はコンコルドは採算がとれないと思っていたのでエアバスに関心を示します。イギリスとフランスはドイツの航空機産業は第2次世界大戦後の活動禁止の痛手から回復していなかったので、脅威とは思っておらず、ドイツには資金を出してもらうことを期待していました。ドイツとフランスはアメリカへの売り込みを考えて、イギリスのロールスロイス社製でなくアメリカ製のエンジンの採用を提案します。実際、同社はL1011向けのR211の開発に忙殺されていたのですが、イギリスはこれに反発してエアバスから脱退します。結局、フランスのスネクマ社と提携していたGE社のエンジンが採用され、1969年にドイツとフランスによってエアバス社が設立されます。しかし、主翼を製作できるのはイギリスのホーカー・シドレー社だけでした（もう1つの有力メーカーがイギリスのブリティッシュ・エアクラフト社でしたがコンコルドを担当していて忙しかったのです）。そこで、西ドイツが資金を出して同社に作ってもらうことにしました。1971年にはスペインが参加します。双発で300席のA300は1972年に初飛行し1974年にエールフランス航空に就航します。短距離で洋上飛行しないヨーロッパ大陸向けの機体です。ところが、その後の売上は芳しくありませんでした。1974年から1978年の間で、航空会社4社に38機が売れただけです。買手がない、したがって、塗装がされない白色の垂直尾翼のA300がエアバス社の工場に並んでいました。

　しかし、1978年から1979年にかけての第2次石油危機によって燃料価格が上昇すると、双発のA300が注目され売れるようになります。とくに

1979年4月初飛行のA300Bというシリーズが人気になります。1979年末までに300機の受注が入ります。イギリスではブリティッシュ・エアクラフト社と（エアバスの主翼を製作していた）ホーカー・シドレー社が合併してブリティッシュ・エアロスペース社になります。ボーイング社はB757の委託生産を持ちかけエアバスへの参加を思いとどまらそうとしますが、下請け的扱いだったのでエアロスペース社はエアバス参加を希望します。ただB757はロールスロイス社製のエンジンを搭載していましたので、国営の英国航空はB757を購入する予定でした。フランスはイギリスがエアバス機を購入しないのならばエアバスに参加すべきでない、と難色を示しました。結局、民間企業であるレイカー航空がエアバスを購入したのでフランスも納得して1979年にイギリスはエアバスに参加します。

　A300に続いてエアバス社は、小型で200席クラスのA310（1982年4月初飛行）を出します。操縦士2人編成のA310の技術をA300に戻したA300-600が1985年に初飛行します。150席クラスのA320（1987年2月初飛行）では操縦室の電子化が進み、旅客機としては初めて"Fly by Wire"を導入します。さらに、エアバスはなるべく同じ操縦室、胴体、を使って航空会社が訓練費用、整備費用を節約できるようにしました。その後もA320で導入した新技術を使って双発のA330と4発のA340を出しました。両機は同じ胴体を使用し、同じクルマのセダンとワゴンのような違いといわれました。

　エアバスの特徴はその売り込みです。イースタン航空には無償貸し出しして、試用期間を設けてから購入できるようにしました。同社が20機購入したことがアメリカの他の航空会社がエアバス機を購入するきっかけになりました。さらに、アメリカの航空会社がエアバスを採用したことは、他国の航空会社にもアピールとなりました。1983年にはアメリカの営業拠点を強化し、ジョンソン（Lyndon Johnson）政権の運輸長官だったボイド（Alan Boyd）を営業担当者としてスタッフもアメリカ人でかためます。さらに、アメリカン航空には、30日の事前通告でいつでも返却可能というリースのような条件を提示して契約を獲得しました。1986年には

ノースウエスト航空、92年にはユナイテッド航空もエアバス機を購入します。エアバスの初期は赤字でもかまわないという販売方法は、同社が母国政府から融資を受け、また株式会社でないので会計上の損失を心配しなくてよかったためです。同社は2001年にようやく民間企業となり正式名称もエアバス・インダストリーからエアバスと改称します。

もう1つの売り込みの特徴が政府要人によるトップセールスです。とくに中東からアジアにかけてのシルクロードに沿った国々の国営航空会社が、1960年代に購入したアメリカ製旅客機の買い替えにあたるときに、積極的に売り込みました。フランスのジスカールデスタン（Giscard d'Estaing）大統領は1980年3月にクェートを訪問し、石油化学プラントへのフランスの出資、クェート人によるパリの不動産への投資規制の緩和、さらにイスラエル・パレスチナ紛争でのパレスチナ寄りの発言などを行いました。その結果、クェート航空はエアバス機を購入します。パレスチナ寄りの発言はその年の大統領選挙でユダヤ人票を失った原因ともされますが、代わったミッテラン大統領（François Mitterrand）もパレスチナ寄りの発言での売り込みには積極的でした。

アメリカでは政府が民間企業のために売り込みをするということは行ってきませんでした。1934年に設立された政府系の輸出入銀行は、アメリカの航空機を購入する政府・企業への貸し付けを行っていましたから、「ボーイング銀行」とも呼ばれていました。レーガン大統領は民間大企業を税金で支援する必要はないとして1982年に廃止しようとしましたが、ボーイング社の陳情で辛うじて機能縮小で収まりました。しかし、1993年発足の民主党のクリントン政権は積極的にアメリカ産業を支援しようとします。1993年から94年にかけて、サウジアラビア航空からの受注をめぐってアメリカとヨーロッパが競います。夏に、クリントン大統領自らがサウジアラバアのファウド国王に電話で依頼します。ペンナ（Federico Peña）運輸長官もサウジアラビアを訪問します。アメリカ有利と思われたのですが、フランスはミッテラン大統領がサウジアラビアを訪問しパレスチナ問題での協力を約束し巻き返しを図ります。イギリスのチャールズ

皇太子までファウド国王に会いに行きました。ところが、1994年になるとアメリカはボスニア内戦の終結努力をアピールし始めます。この紛争では多くのイスラム教徒も犠牲になっていたのですがヨーロッパ連合は何もできずにいました。結局、3月にボーイング社とマクダネル・ダグラス社製の旅客機が受注されました。

ボーイングは当初、小型機市場のA320にはB737の改良版シリーズで対抗しました。中型機市場でA310やA300の新しいシリーズが出ると、ついに対抗機として双発で操縦士2人編成のB757、B767を出します。ボーイング社も双発機の開発を開始したことは双発機の安全性を証明したことになり、エアバス機の注文が増えるという皮肉な結果になりました（B767はまだできていませんでしたが、エアバス機は市場にあったわけです）。さらに、ボーイングは航空会社の意見をはじめから大幅に取り入れたB777を出します。ボーイング機では操縦室の電子化はこのとき本格的に推進されました。

図3はジェット旅客機の航空会社への納機数です。1970年まではボーイングとマクダネル・ダグラスが競っていたのですが、ジャンボジェットの成功以降、ボーイングが優位に立っています。エアバスの進出によってもボーイング社のシェアはそれほど低下しておらず、エアバスは主にすでに苦境にあったロッキード社とマクダネル・ダグラス社のシェアを奪っていきました。しかし、ついに2003年以降、エアバス社がボーイング社を上回っています（2012年はボーイング社のほうがわずかに上です）。

マクダネル・ダグラス社とエアバス社は1987年に提携交渉を行っています。3発でB747よりも燃費のよいAM300という旅客機でしたが、エアバス側がマクダネル・ダグラス社の分担分を35％に抑えたので、マクダネル・ダグラス社が降りてしまいました。その後、マクダネル・ダグラス社は積極的に新型旅客機を出すことはできず、衰退していきました。

しかし、たしかに、ボーイング社の力も落ちてきていました。自動車のような大量生産でなく手作りとはいうものの、ボーイング社の生産方法は第2次世界大戦中の爆撃機の生産とほとんど変わっていませんでした。

図3 ジェット旅客機の納機数

出所 日本航空宇宙業界

　"Fly by Wire"もエアバスは採用していたのに、ボーイングはB777まで採用していませんでした。ボーイング社はエンジニアの強い社風でしたが、1985年に生産現場をよく知っていたウィルソン（Thornton Wilson）が引退してしまいます。奇しくも同じ年に、エアバス社では生産現場に強いピエルソン（Jean Pierson）が社長になり、生産担当の副社長を設けたのと対照的でした。ただ、ボーイング社も生産現場の能力の改善を目指して1990年代初めにはトヨタ社に視察旅行に行ったりしています。

　表1はジェット旅客機の機種と市場です。1970年代にA300が中型機市場に参入したとき、そこをカバーするアメリカの旅客機がなかったこと、1980年代、ボーイング社はB757とB767という中型機を導入しますが、今度は小型機市場に参入してきたA320に対してボーイング社はB737の改良版で対抗していて、新型機を出していないことがわかります。一方、超大型機は2000年代までB747とその改良版だけでした。1992年の初め、エアバス社とボーイング社はB747より大きなスーパージャンボの共同開発を検討しますが物別れに終わります。エアバス社が

表1　ジェット旅客機の市場と機種（カッコ内は納入年）

	1950年代	1960年代	1970年代	1980年代	1990年代	2000年代
超大型機 (400席以上)		B747 (1969)		B747-400 (1989)		A380 (2007) B747-8 (2012)
大型機 (250〜400席)			DC10 (1971) L1011 (1972)		MD11 (1990) B777 (1995) A330 (1993) A340 (1993)	
中型機 (150〜250席)	B707 (1958) DC8 (1959)	B727 (1963)	A300 (1974)	A310 (1983) A300-600 (1984) B757 (1982) B767 (1982)		B787 (2011) A350 (開発中)
小型機 (90〜200席)		B737 (1967) DC9 (1965)		A320 (1988) B737-300 (1988) MD80 (1980)	B737-700 (1997) B717 (1999) MD90 (1995)	

出所　山崎 (2009)「アメリカ航空機産業における航空機技術の新たな課題」『立命館経営学』、第48巻、第4号。日本航空機開発協会 (2013)『平成24年版　民間航空機関連データ集』。

ボーイング社は収益源のB747の代替機には本気でないと疑ったためといわれます。エアバス社は単独で総2階建で500〜600人乗りのA380を開発します。ボーイング社はB747-400という機体を長くしたバージョンを出す一方、B787を開発します。B787はドリームライナーと呼ばれ、最先端の複合材料を用いて軽量化に成功し、中型機でありながら、大型機並みの航続距離が得られましたので、世界中どの都市同士でも結ぶことができます。

　すなわち、エアバス社は過去30年の航空旅客業の規制緩和の中で形成された「ハブ・アンド・スポーク」路線戦略 (Part 2 §10参照) が続くと考え、新興国の発展で旅客需要が増えればハブ空港がさらに重要になるとして、ハブ空港同士を大型機で結ぶことを目指します。一方、ボーイング社はB787によってハブではない空港同士を直接結ぶこと (Point to Point) が有望と考えます。Point to Pointはアメリカ国内路線ではサウスウエスト航空がB737のみを使って成功させましたが、航続距離の長い中

型機ならば、国際線の路線であっても空席率は高くならないで済みます。ハブ・アンド・スポークは空席率を低く抑えコストを削減するために考えられたのですが、中型機で航続距離の長いB787はそれを変える可能性があります。どちらの予想が正しいかは今後の経緯を見守る必要があります（B787の生産をめぐるトラブルについてはPart 2 §7参照）。

　これまでB737の改良版ということはありましたが、ボーイング社とエアバス社は同じ市場に対抗機種を出してきました。A380とB787では棲み分けをしたようにみえました。しかし、その後、エアバスはB787に対抗するA350（順番からいえばA380がA350と呼ばれるべきだったのですが、A340の2倍という意味でA380としました。後から開発された機種がA350となります）を開発し、ボーイング社もB747をさらに大型に改良したB747-8を開発し、再び直接対決の様相を呈しています。

Column 1　航空機の名称

　皆さんは飛行機に乗るとき、どのメーカーの飛行機かはあまり関心がないかもしれません。座席のポケットにある非常時の案内（これもあまり関心がないかもしれませんが）をみれば、A340 とか B777 とか機体の名称が書かれています。A ならばヨーロッパのエアバス社製、B はアメリカのボーイング社製です。エアバス社製は 300 番台で現在の最新鋭機は A380 です。ボーイング社製では 700 番台で最新鋭機は B787 です。同じ B737 でも B737-300 とか B737-600 とかありますが、それは改良版ということです。

　軍用機では A と B も違う意味です。A は攻撃機（Attacker）、B は爆撃機（Bomber）、C は輸送機（Cargo）、F は戦闘機（Fighter）、P は哨戒機（Patrol）、R は偵察機（Reconnaissance）、T は訓練機（Training）、X は実験機（Experiment）となります。なお、第 2 次世界大戦前にアメリカ陸軍は戦闘機のことを Pursuit（追跡機）と呼んでいたので、P がつきます。

　航空機にはニックネームがついていますが、メーカーごとに特色があります。グラマン社はワイルドキャット、ヘルキャット、ベアキャット、トムキャットと、「キャット」がつきます。ロッキード社の旅客機は、ベガ、エレクトラ、コンステレーション、トライスターと星に関係のある名前でした。マクダネル社の戦闘機はブードゥー、デーモン、ファントムと幽霊に関係のある名称です。

　また、ミサイルやロケットはギリシャ・ローマ神話、そこからついた星、星座の名前です。アトラス（Atlas：巨人）、タイタン（Titan：知性の神）、トール（Thor: 雷神）、ジュピター（Jupiter: 天の支配者、木星）、ポラリス（Polaris：北極星）です。NASA の宇宙開発プロジェクトもマーキュリー（Mercury: 職人・商人の守護神、水星）、ジェミニ（Jemini：ふたご座、2 人乗り宇宙船のため）、アポロ（Apollo：太陽神）でした。スペースシャトルのエンタープライズ号は 1960 年代にヒットしたテレビドラマ『スター・トレック』にでてくる宇宙船の名前からです。

Column 2　ライト兄弟とスミソニアン協会

　ラングレーはスミソニアン協会会長として協会の資金も使って航空機の実験を試みますが、失敗しました。その直後にライト兄弟が成功します。ライト兄弟はスミソニアン協会から資料を求めたり、ラングレーに敬意を払っていましたが、ラングレーやスミソニアン協会から支援を受けていたわけではありませんでした。スミソニアン協会の新会長ウォルコット（Charles Walcott）は旧友ラングレーの名誉回復を図ります。ラングレーが無人の蒸気動力機の飛行に成功した5月6日をスミソニアン協会は非公式ながら記念日にします。ライト兄弟と特許係争をしていたカーチスはスミソニアン協会に対して、ラングレーの実験を再現を申し出ます。「ラングレーは発射台の不具合で失敗したが、設計の点では問題がなく、初飛行の栄誉はラングレーのものでライト兄弟の特許は無効である」と主張したかったのです。スミソニアン協会はよろこんで残っていたラングレーの部品をカーチスに渡します。

　1914年5月にカーチスによって再現されたラングレー機は飛行に成功します。オービルは1910年に最初の飛行機フライヤー号の寄付を申し出ますが、スミソニアン協会に断られていました。スミソニアン協会はカーチスの成功を受けて博物館に「人類初の飛行はラングレーである」という展示を行います。これにはオービルも激怒します。

　しかし、カーチスによる実験は写真撮影もされていたので、復元されたものはラングレーのオリジナルとは異なっていることも露呈します。オービルのイギリス人の友人のブレワー（Griffith Brewer）が1921年に詳細に違いを証明します。1925年、オービルはフライヤー号をイギリスのロンドン科学博物館に寄付します。

　関係者の多くは、カーチスとライト兄弟の特許係争ではライト兄弟ががめつすぎると思っていましたが、スミソニアン協会との争いではオービル（ウィルバーは1912年に死去）に好意的でした。航空関係者の間では、ラングレーの失敗は実験台以前に翼の構造そのものに問題があると思われていました。また、一般市民にとってフライヤー号がイギリスにわたってしまったことはショックでした。

　1927年にウォルコットが死去し、次のアボット（Charles Abbot）会

長はオービルとの和解に乗り出します。大西洋単独横断飛行に成功したリンドバーグ（Charles Lindbergh）も仲裁を買って出ます。オービルはスミソニアン協会に対して、1903年の実験に失敗したラングレーの機体が飛行不可能なものと認めなくてもよいが、1914年の実験は1903年のラングレー機の本当の再現ではないと認めるよう求めました。

　1942年10月、スミソニアン協会は機関誌で1903年と1914年の航空機の違いを発表し、1914年に発表されたラングレー機の飛行可能性のレポートを撤回しました。オービルは返事をしないまま1948年1月に逝去しました。遺産管理人が調べたところ、オービルは1942年のスミソニアン協会の発表に満足しており、ロンドンの博物館長に戦争が終わり輸送が安全になったらフライヤー号をスミソニアン協会の博物館に戻すよう手紙で依頼していたことも明らかになりました。1948年12月17日（初飛行から45年目の記念日）にフライヤー号の展示が公開されました。大西洋単独横断飛行に成功した「セントルイス魂号」は、フライヤー号に一番よい展示場所を譲ることになりましたが、リンドバーグは快諾したといわれています。

注目の歴代航空機

写真1　ボーイングB17爆撃機「空の要塞」
第2次大戦中、対ドイツ戦線で活躍しました（©iStockphoto.com/NancyNehring）。

写真2　ボーイングB52爆撃機「成層圏の要塞」
2つ1組のジェットエンジンが4つ付いていますので、8発です（©iStockphoto.com/SteveMann）。

Part 1　アメリカ航空宇宙産業　その通史　69

写真3　ボーイング747旅客機「ジャンボジェット」
操縦席の後ろの部分が2階建てになっています（@iStockphoto.com/Tangens）。

写真4　マクダネル・ダグラスF15戦闘機「イーグル」
わが国の航空自衛隊でも使用されています（@iStockphoto.com/RobHowarth）。

写真5 グラマン F14 戦闘機「トムキャット」
艦載機で、高速飛行時には主翼が後退して三角翼になる可変翼機です（@iStockphoto.com/RobertCreigh）。

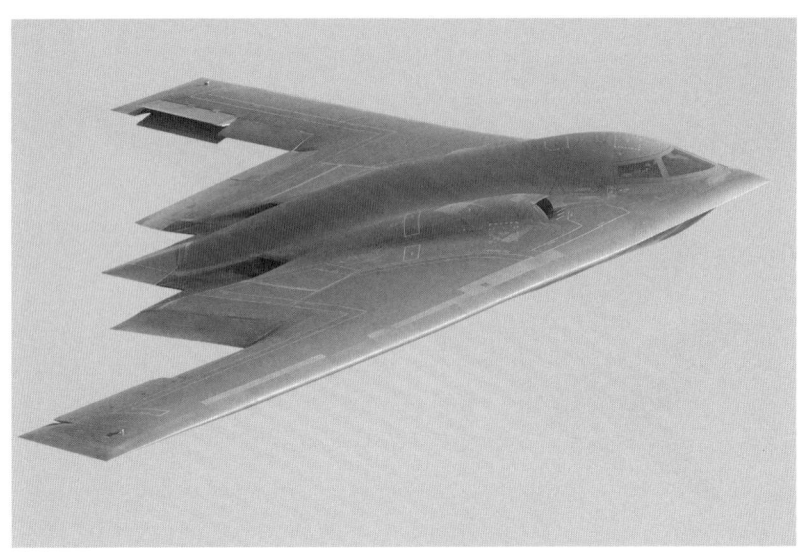

写真6 ノースロップ B2 爆撃機「スピリット」
レーダーに捕捉されにくいステルス機です。リンドバーグの「セントルイス魂号」にあやかって、"Spirit of Missouri" など各州の名前がつけられますが、21機しか作られませんでした（@iStockphoto.com/JamesGraham）。

Part 2

アメリカ航空宇宙産業の経済学的分析

1　イノベーションと科学と技術

　イノベーション（技術革新）というのは、「新しい製品・生産方法を成功裏に導入すること」です。「成功裏」というのは、商品化され普及する、商業的にヒットしているということで、試作品ができたとか、特許がとれたというのは実用化にまで至っていないのでイノベーションではありません。実用化（商品化）されても売れずに消えていってしまう製品は、イノベーションではありません。

　イノベーションでは、ニーズ（必要性、需要）重視か、シーズ（タネとなる技術、供給）重視かというのが議論されてきました。ニーズというのは「必要は発明の母」ということで、必要なものを生みだす努力が行われイノベーションが起こるという考え方です。シーズというのは、科学技術の知識が蓄積されれば発明が生み出され、それがイノベーションにつながるというものです。19世紀末から20世紀初めのイギリスの経済学者マーシャル（Alfred Marshall）は「価格を決めるのは需要と供給とどちらが重要かと問うことは、ハサミで紙を切るときに上の刃で切っているのか、下の刃で切っているのか、問うのと同じく意味がない。両方とも重要だ」と述べましたが、ノベーションにおいてもニーズとシーズとは両方大切で、相対的な重要性はケースバイケースというのが良識的な結論といえましょう。

　イノベーションは新しい製品・製法の実用化、普及を含んでいますから、売れなければなりません。また、ニーズが予想できなければ、イノベーションを生み出す努力を支える資金が調達できません。したがって、事後的には必ず需要が含まれています。しかし、需要が高まるのを待っているだけでなく、売り込みや消費者の説得としてのマーケティング活動も重要です。1920年代、ウィリアム・ボーイングは航空輸送業を育成する

ことで航空機の需要を増加させようとして積極的に航空郵便事業に進出しました。

鳥のように自由に空を飛びたい、という夢を人類が持ち続けていた点ではニーズは存在していました。ただ、ニーズは購買力を伴わなければイノベーションへの努力のための経済的誘因にはなりません。たとえば、多くの人はベンツやBMWを名車だと思って欲しがりますが、購買力のない人の欲望は、マーケティング部門の人は無視すべきです。

実際、ライト兄弟の成功後にしても、安全性を考慮に入れると、人々は航空機に乗って旅行しようとは思わなかったので、ビジネスとしてはなかなか立ち上がりませんでした。軍用では偵察や爆撃で使われるようになり、それを妨げる形での空中戦が行われるようになります。軍用機が民間機に需要の面では先行することになります。ただ、それでも第1次世界大戦の連合軍総司令官フランスのフォッシュ（Ferdinand Fuch）元帥は「飛行機は面白いおもちゃだが軍事的には役に立たない」と懐疑的でした。Part 1で述べましたように、軍の戦略というニーズが、特定のタイプの軍用機の技術進歩の方向に大きな影響を与えました。

一方、シーズとしての科学技術の知識も重要です。鳥のように空を飛ぶ、というイメージを人類は持っていたのですが、羽ばたき型がうまくいかない中で、空を飛ぶということは思わぬところから現実になりました。それは気球です。科学知識が蓄積されたことでの進歩によって熱気球や空気より軽い気体（水素）を入れた気球という発想が18世紀初頭に生まれました。シーズによるイノベーションといえましょう。

ただ、新技術を実用化するためには、しばしば思いもかけない別の問題を解決しなければならず、そのためには関連技術の進歩が必要になります。ジェット機の場合、ジェットエンジン内のタービン翼を強化しなければなりません。さらに、後退翼という新しい翼のデザインにしないとエンジンだけを強力にしてもジェット機は成功しませんでした。関連技術が進歩したからこそ、イノベーションが実現するわけでシーズは重要です。ライト兄弟はエンジンもプロペラも希望するものがなく、また、作ってくれ

る企業もなかったので、自分たちで製作しました。それでも、自動車の内燃エンジン、船舶のためのスクリューがあり、技術知識が蓄積していたので、それを学ぶことによってライト兄弟も成功しました。1つの分野での壁が関連技術開発のためのニーズになる一方で、関連技術の進歩というシーズの蓄積がイノベーションを生み出します。

　シーズによるイノベーションでは科学技術の知識が重要と一言でくくってしまいましたが、科学の進歩がそれを応用した技術の進歩に自動的につながるのではありません。「科学技術」ではなく「科学・技術」と書くべきです。図4が示すように科学・技術知識から、科学がS1、S2、S3と進歩し、技術もT1、T2、T3と別のルートで発展していきます。ただ、点線で示すように科学と技術は相互に影響を及ぼします。科学と技術の成果は科学・技術知識の共通プールに蓄積され、次の進歩の源になります。

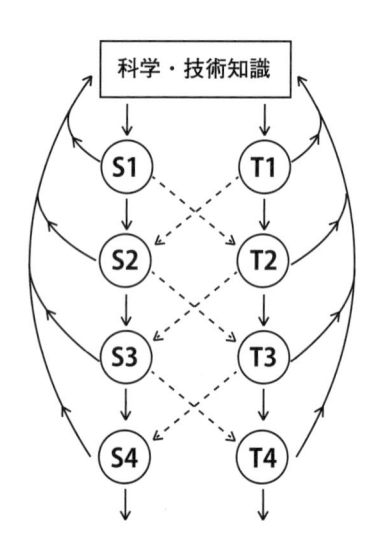

図4　科学と技術の進歩

出所　Ruhan, V. M. (2001) *Technology, Growth, and Development*, New York: Oxford University Press, P81をもとに筆者作成。

科学は知的好奇心に基づき、自然の真理を理解することを目的とします。ボーア（Niels Bohr）は原子力や半導体への応用など考慮することなく、陽子・中性子・電子から成る原子モデルを構築しました。一方、技術は特定の目的を達成するプロセスで、具体的に設計して製作することが含まれます。物理学や数学の知識が技術の進歩に貢献しますが、技術の進歩には独自の努力が必要で、科学の進歩が自動的に技術の進歩につながるわけではありません。技術的な問題の解決は既存の知識のユニークな組み合わせで達成されることが多く、既存の知識が不充分ならば工学の研究が行われます。また、技術は現場で望まれた性能を発揮しなければなりません。航空機でも風洞で模型を実験しても、それを実物大の状態に拡大することには、独特の知識が必要です。この難題を解決するために戦闘機を入れることのできる実物大の風洞も作られました。一方、技術の進歩が測定器を開発し、科学の進歩を可能にします。さらに、技術の進歩がつまずけば科学的知識の拡充によるより根本的な解決を目指して、科学の研究が行われることもあります。19世紀後半にフランスのパスツール（Louis Pasteur）は醸造・発酵の問題に取り組む中で微生物学の研究の開拓者となりました。

 ライト兄弟はグライダーでの試験飛行で機体を改良し操縦テクニックを磨き、後はエンジンとプロペラをつければよい段階にまで持っていきます。この点で操縦性能を無視してエンジンの出力にばかり期待して失敗したラングレーとは異なりました。しかし、ライト兄弟は試行錯誤（Trial and Error）だけで成功したわけではありません。彼らは今日の工学部の大学院生が行うようなプロセスを踏んでいました。先行研究の文献を調べ自分で実験しなくて済むことは行っていません。ライト兄弟は、スミソニアン協会に航空関係の文献を送ってもらうように頼んでいます。しかし、実際にはスミソニアン協会から送られてきた文献には目新しいものはなく、むしろ、航空飛行についてわかっていることは少ないということが明らかになりました。

 彼らは大学を出てはいませんでしたが、航空力学そのものも学問として

確立していなかったので、彼らが最先端でもありました。過去のデータでも疑問のあるところは実験しなおしています。自ら作った風洞で実験を行い、従前に信じられていた係数に間違いがあることにも気がつきます。また、飛行試験の場所選びでも、気象データを広範に調べ、適度に風があり、なおかつ、秘密を守りやすい場所として、ノースカロライナ州のキティホークが選ばれました。ただむやみに試行錯誤を行っていたわけではなく、工学としての知識を創造していったので成功したのです。

2 技術の進歩

　一般に技術は時間を横軸に性能・価格比を縦軸にとると、図5のような進歩をすると考えられます。当初は基礎となる知識が確立されておらず、また補完的な技術知識も充分でないので試行錯誤で行わざるをえず進歩は遅いです。次第に知識が蓄積され、ゴールに到達する解決へのアプローチも明らかになり、補完的技術も整備されるようになると進歩のスピードがあがります。しかし、物理的限界に近づくと進歩はまた遅くなり、物理的限界より先には行かれません。空気の流れは音速に近づくと塊のようになり粘性がなくなります。プロペラの回転が高速になると推進力が落ちてしまうため、プロペラ機では超音速機は作れません。また、翼に垂直に当たる空気の速度も高すぎると操縦不能になります。このように第2次世界大戦時のプロペラ機には速度の物理的限界があったのです。ただし、物理的限界は事後的にわかるもので、事前に予測するのは難しいです。

　イノベーションには漸進改良型と画期的なものとの2種類があります。漸新改良型というのは、技術をすこしずつ改善して早く物理的限界に達することで、図5のS字カーブは立ってきます。また、1つのS字カーブは

また図6が示すように小さな技術進歩、小さなS字カーブの包絡線でもあります。プロペラ機の中でもプッシャー式の進歩がトラクター式に取って代わられ、複葉機が単葉機に変わり、木製が金属製に変わります。1つの小さなS字が次のS字に取って代わられることで、大きなS字上の漸進改良が行われていきます。S字の代替は時系列的に起こるだけでなく複数の小さなS字が同時に発生することもあります。また、1つの小さなS字の進歩が他の技術進歩を求め、引き起こすこともあります。エンジンが高速になると突起が空気抵抗になるので沈頭リベットが実用化されます。

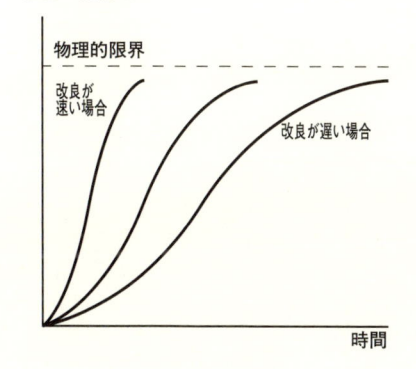

図5 技術の進歩
出所　筆者作成

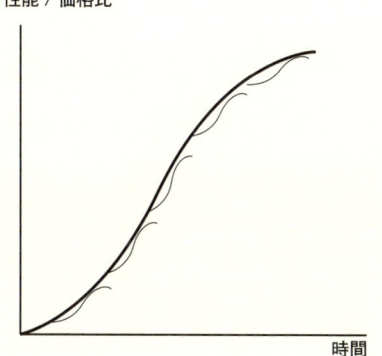

図6 小さなS字の包絡線
出所　筆者作成

　改良ではまた使用する側の習熟も重要です。軍用機では平時はなかなか実戦が起こらないので、フィードバックが起こりませんが、戦争中は戦場からつぎつぎと現場の声が入り、それに対応していかなければなりません。この対応が難しいので、大量生産が難しいことは§6で考えます。
　画期的なイノベーションとは、図7のようにまったく新しいS字に移ることです。プロペラ機からジェット機への移行です。新しいS字カーブに移っても、図7が示すように当初は古い技術より下位にいることも珍

しくありません。特に価格も考慮した性能・価格比では新しい技術は旧技術に勝てないことも多いです。初期のジェットエンジンは燃費が悪かったので、旅客機には使われにくいものでした。加速が悪かったので、海軍は航空母艦から離陸する艦載機での採用に消極的でした。

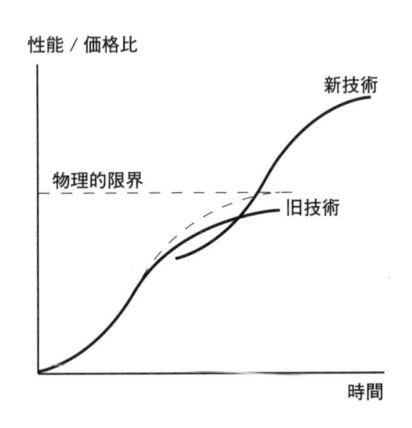

図7 画期的なイノベーション

出所　筆者作成

　旧技術も図7の点線で示すように新しい技術に代替されまいと改善を行いますので、新しい技術が取って代わるのには時間がかかることがあります。ジェットエンジンは第2次世界大戦後に軍用では実戦で使用されましたが、プロペラ旅客機の性能が向上していたのでジェット旅客機の実用化には時間がかかりました。研究開発プロジェクト、とくに政府資金によるプロジェクトは、既存技術の進歩を考慮に入れず失敗することがあります。新しい技術を数年かけて完成させ、当初の目標はクリアできたとしても、既存技術も進歩してしまっているので追い抜くことができず、せっかく完成した新技術にだれも関心を示さないことになります。

　ピストンエンジンでは音速を超えることは難しいので、ジェット機やロケット機が音速を突破します。その後、ジェットエンジンの戦闘機でF4

ファントムⅡやF15イーグルは音速の2倍（マッハ2）を超えています。偵察機のSR15はマッハ3を超えていましたし、実験機ではロケットエンジンでX15がマッハ6を超えています。しかし、実戦の戦闘機ではマッハ3以上は求められなくなってきました。マッハ3で飛行できたB70爆撃機は配備されませんでした。むしろ機動性ならびに電子機器のほうが重要になってきました。速度という点ではミサイルにかなわないので爆撃もその迎撃もミサイルで行うようになります。旅客機でも超音速機が計画され、英仏共同開発のコンコルド、ソ連のツポレフ144はマッハ2を超えて就航していました。しかし、音速を超えるときの衝撃波のため陸上での飛行を行えなくなり、排気ガスによる大気のオゾン層の破壊の影響、さらに燃料消費が大きく経済性の問題から商業的には失敗しました。結局、超音速機はアメリカでも開発が中止されます。このように速度に関しては、S字カーブは上限を突破することがイノベーションの目標として求められなくなりました。さらに、技術が成熟すると技術進歩のペースも遅くなるので、性能をさらに向上させるのに大きなコストがかかるようになったことも高速化があまり重視されなくなった要因です。

3　企業の盛衰

　アメリカの航空宇宙産業では、トップ企業がしばしばその地位を維持できなくなり、新しい企業が成長します。また、一回、退潮していた企業が盛り返すこともあります。その要因はいくつか考えられます。
　第1に、トップ企業が規模が大きくなりすぎかえって非効率になることです。創世期の企業のライトとカーチスは特許係争もあったのですが、創業者が第一線を退いた1929年には合併しトップ企業となります。しか

し、第2次世界大戦中の受注拡大が負担になって衰退していきます。§6で述べますように、規模の経済性があるため、生産量が増えれば平均費用は減少するのですが、平均費用曲線はU字型ですから、いずれは最低点を過ぎて平均費用は上昇を始めます。ダグラス社の旅客機も1960年代半ばに同じような問題に直面し、マクダネル社への身売りを余儀なくされます。

第2に、トップ企業は既存の製品・技術でその地位を獲得していますので、それを陳腐化するような新しい技術を取り入れることに消極的になります。1950年代、旅客機では2番手グループに甘んじていたボーイング社は、思い切ってジェット旅客機を開発します。一方、プロペラ機で成功していたダグラス社はジェット機には消極的でした。画期的イノベーションはユーザーをはじめとして当該産業の外部組織が引き起こすことがあります。航空機の場合は、ユーザーである軍や航空会社はイノベーションに貢献しましたが、直接の画期的イノベーションの担い手は既存企業、とくに2番手企業です。新規参入企業で成功したのはマクダネル社ですが、これは戦後にジェットエンジン革命がおきたときに参入し、他社が企業内技術をまだ蓄積していなかったことが幸いしました。

さらに第3に、技術とは別に、天下を取った企業は心理的なゆるみが生じて下位企業に取って代わられます。ダグラス社は創業者社長の愛人や2代目の資質などの問題を抱えます。また、アメリカの旅客機メーカーはいずれもヨーロッパのエアバス社を過小評価していました。ヨーロッパ駐在員が警鐘を鳴らす報告書を書いてきても無視されました。200席程度のマーケットに旅客機を出さなかったのでエアバスに市場を奪われます。マクダネル・ダグラス社はエアバス社とエンジンナセル（エンジンのカバー）を共同開発しています。DC10とA300は同じGE社のエンジンを使っていたからですが、マクダネル・ダグラス社が技術を売ったようなもので、短期的には収入になりますが、ナセルは設計が難しいのでエアバス社にとっては開発費の大きな節約になりました。ボーイング社も、エアバス社の参入を危機感を持って受け止めず新たな対抗機種を出さずB737の改良

でお茶を濁しました。Fly by Wire の導入も遅れます。ボーイング社は「導入は技術的には可能だったが、小型の B737 に導入しても重量を軽減するプラス面よりもコストを高めるマイナス面のほうが大きく、パイロットに負担を強いることのない従前からの操縦環境の B737 を一刻も早く市場に出すことが得策と考えた」と説明していましたが、「旧式機での対応」というイメージはぬぐえませんでした。結果としてエアバスを早い段階で駆逐することはできませんでした。

　エンジンでは P&W 社が 1970 年には 90% 近いシェアを占めますが、役員ばかり増やすなど慢心があり、市場シェアを失います。また、外国企業との提携にも技術の漏えいを恐れて慎重でした。一方、GE 社は外国企業との技術提携に積極的でフランスのスネクマ社に生産の 25% を担当させることによって、エアバス社から A300 のエンジンに採用してもらいます。輸出やライセンスが問題なのは、それが相手国への技術移転を引き起こす可能性があることです。しかし、技術供与を渋っていると交渉はまとまらずビジネスチャンスを失います。GE 社と、破綻後に国有化され政府支援のもとで復活したロールスロイス社とが P&W 社の独占を崩していきました。

　政府からの受注が大きな影響を与える航空機メーカーの競争力には、政府の意図が働くこともあります。第 2 次世界大戦中、政府はカーチス・ライト社や P&W 社にはピストンエンジンの生産に専念してもらうため、ジェットエンジンの開発を GE 社に担当させます。戦後、GE 社がカーチス・ライト社に取って代わり、P&W 社とともに主要エンジンメーカーになるきっかけとなりました。ノースロップ社は 1946 年に苦境に陥ったコンソリディティッド・ヴァルティ（通称コンベア）社を買収するよう空軍から依頼されますが、社長（John Northrop）が断ります。1949 年に、彼が熱心に開発していた Flying Wing のプロジェクトが中止されたのは、空軍による報復ともいわれています。ただ、ノースロップ社はロッキード社とともにステルス技術の研究開発支援を政府から密かに受けていました。これが 1980 年代以降の競争力の回復に大きく貢献します。

企業統治も企業の盛衰にとって重要な役割を果たします。航空機メーカーの創業者のうちボーイングだけが裕福でした。彼以外は資金不足に悩みスポンサーを見つけて支援を仰ぎます。個人的金持ちが支援してくれた場合もありますが、ウォールストリートの投資家が投資した場合もあります。創業者たちは空を飛びたい、他人より優れた航空機を作りたい、という夢にかけており、金もうけにはそれほど執着していませんでしたが、スポンサーの中には収益を重視する向きもあり、軋轢が生じます。

　典型的な例がカーチス・ライト社でした。第2次世界大戦中の受注は大きかったのですが費用も増大し再建を模索していた1948年に、これまでの配当が不充分であったとして、株主グループがヴォーガン（Guy Vaughan）社長を解任します。後任のシールズ（Paul Shields）社長（もともとはヴォーガンがスカウトしてきた人物）は、長期的投資でなく短期的利益を求め自己資金でのジェットエンジン開発も断念し、斜陽のピストンエンジンに固執します。次のハーレィー（Roy Hurley）社長はもともとフォード社にいた人物で航空機産業と自動車産業との違いを認識せず、ジェットエンジンの開発は再開しましたが、利益重視の中、優れたエンジンを生み出せず、P&W社の対抗馬の座をGE社に譲ってしまいます。

　しかし、航空機エンジニアでない経営者がだめだというわけではありません。ロッキード社を再建したのは実業家の息子でハーバード大学を出て、投資家として財を成したグロス（Robert Gross）でした。グロスはエンジニアではありませんでしたが、航空機産業の将来性には注目していました。第2次世界大戦後、政府に平時での航空機産業支援を陳情するとともに、社内ではミサイル、ロケットの開発を進めていきます。ボーイング社の社長を1945年から1968年まで務めたアレン（William Allen）はもともとは同社の顧問弁護士でした。しかし、彼は航空機製造業への関心が高く、パンナム社のトリップとともに、B707やB747開発のギャンブルを行い成功させました。エンジニアだったウィルソン（Thornton Wilson）をはさんで1985年に社長・会長になったシュロンツ（Frank Shrontz）も弁護士でしたがアレンよりもずっと保守的でした（ウィルソ

ン自身も保守的な性格だったのでシュロンツは気に入られて後継者になれたともいわれています)。エアバスの挑戦に対して新型機の開発ではなく既存機種の改良で対応しようとします。また、マクダネル・ダグラス社を合併後、ボーイング社は株主の短期的利益の重視を明言しています。

　株価を重視する経営が短期志向になるということは、アメリカのビジネスモデルの欠点として指摘されてきました。アメリカ企業の業績が振るわず、日本企業が好調であった1980年代には日米双方で主張されていました。アメリカの経営者は株価が低迷すると不満を持った株主から解任されるので、すぐに成果が出ない研究開発や長期的設備投資に消極的になるのに対して、日本企業は銀行からの融資に依存するので長期的に研究開発・設備投資ができるというものです。ただ、日本の銀行は実際には担保主義(1億円の資産を持つ企業には1億円を融資し、回収できない場合は銀行が資産を取ればよい) であって、1990年代初めのバブル崩壊後、土地の値段が下がると担保価値が低下し、借手が倒産したら、貸し出したお金が回収不能になり、銀行は不良債権を抱えることになってしまいました。

　一方、株価重視の経営であっても必ずしも長期的収益を無視しているわけではありません。理論的には企業の株価はその企業の予想される将来収益の割引き現在価値です。理論値と現実はかならずしも一致しませんが、企業の将来性は株価に影響します。たとえば、バイオテクノロジーのベンチャー企業で上場しているものは、特許は持っていますが製品はまだなく、利益も出ていないケースがほとんどです。しかし、将来、薬が認可されれば大きな利益が発生することが期待されて高い株価がつき資金が集まります。

　1987年、投資家ピケンズ (Boone Pickens) がボーイング社を乗っ取ろうと株を買い占めます。ボーイング社側の依頼で州政府や連邦議会が懸念を表明したこともあり、結局、彼は乗っ取りには失敗しますが、値上がりした株を売って大儲けしました。このとき狙われたのが、研究開発費のための内部留保、現金です。その後遺症でボーイング社は開発のために余計な内部留保を残さない方針をとり、計画中だった日本企業との共同開発機

B7J7（Jは Japan の意味）を後退させざるをえなくなりました（のちに B777 として実現されます）。ピケンズのケースは投資家が長期戦略を取りにくくさせた例といえましょう。

ちなみに、航空機メーカーは第2次世界大戦後は、規模が大きくなったわりに、軍需頼みで不安定ということで、株式投資家からは人気がなくなってしまいました。そのため、銀行からの短期融資や社債が基本になりました。社債は借金ですから、投資家からみれば、株よりもローリスク・ローリターンの投資対象です。1990年代の再編期は、軍需が減っていたのでアメリカ航空機産業には苦況でしたが、アメリカ経済そのものは好調でしたので、ウォールストリートの投資家が買収資金を投資するとともに合併の仲介もしてくれました。

4　特許の役割

　特許は発明者に対して、その発明の一定期間の独占的使用を認めるものです。アメリカの特許制度の歴史は古く、建国まもなくの1790年には特許法が成立しています。もともとは特許が認められてから17年間でしたが、現在では出願してから20年間です。出願から認可まで2～3年かかりますから、大きな違いはありません。

　特許は期間限定とはいえ独占権を与えるわけですから、当該製品の市場で競争が行われず価格がつり上げられるという弊害があります。にもかかわらず、特許制度があるのは、次のような理由からイノベーションを促すと期待されているからです。

　第1に、特許は独占的な利潤が発明努力への報奨を与えます。発明が成功してからですから事後的な報奨ですが、それが制度化されているので、

うまくいけばご褒美がもらえるというわけで、発明努力を行います。

　第2に特許は発明を製品化する誘因を与えます。特許制度がなくても、自分の家で自分のために何かを工夫して発明する人は現れるでしょう。しかし、その発明を事業として製品化するためには、借金したり投資家を募らなければなりません。その際、製品化した後に簡単に模倣されてしまうのでしたらだれもリスクを負おうとはしません。製品化後の独占的利潤の保障が、製品化のための資金を獲得するためには不可欠です。

　第3に特許は意外に思われるかもしれませんが、技術の公開と普及を促します。特許という制度がなければ、企業は開発した技術を秘匿によって守ろうとします。従業員に在職中はもちろん、退職後も一定期間は口外しないよう契約に定めるのです。特許になった発明はだれでもその内容を見ることができます。そのまま模倣したら訴えられますが、似たようなものを作る、迂回発明は可能です。また、特許が切れたら、堂々と使うことができます。このため、特許になった発明は長期的には広く普及することが可能です。一方、秘匿によって守られている発明は、他企業が自力で同じものを発明してしまった場合、文句がいえませんが、特許と異なり秘匿には期限がありませんから、いつまでも守れるかもしれません。コカ・コーラは原液成分を特許にしていません。ペプシコーラは独自に同じようなものを作ったのです。コカ・コーラが特許にしていればとっくに失効していますから、同じようなコーラがもっとたくさん出ていたことでしょう。

　ライト兄弟も1903年の初飛行ののち1906年に特許が確定するまでは、模倣されるのを恐れ、秘匿に走りました。公開飛行を避け、行う場合でも写真撮影を禁止し、専門家が機体に近づくことを嫌いました。

　第4に特許は技術の取引を可能にします。厳密には、特許は財産権なので売買が可能です。しかし、一般にライセンスといわれているものは実施許諾権で、特許になっている発明の使用（製品化）を他の企業に許可するというものですので、売買ではないのですが、特許は技術取引を活発にするといえます。ものを買うときには買手は中身がわからなくては買う気がしません。中身がわからなくても買うのは、デパートの新春福袋くらいで

すが、これまでの実績で期待を裏切らないという予測ができるので購入しているのです。ところで、技術というのは、機械がどう動くのか、どんな薬品をまぜるのか、何度の温度で合成するのか、という「情報」です。そして、情報は知ってしまえば価値がなくなります。知らない情報だからお金を出しても欲しいのです。したがって、特許になっていない技術の取引交渉の場合、売手は発明した技術の内容を知らせませんから、買手も買値を提示できず交渉が進みません。しかし、特許になっていれば、売手は情報を開示しても模倣される心配がないので、安心して売り込むことができ、買手も内容を知れば交渉を行う気になります。このようにしてライセンス契約が成立します。ライセンス契約が結ばれることで、発明はしたが生産能力の乏しい企業が、発明はしなかったが生産の得意な企業に生産してもらうことができるので、イノベーションが起こります。

　ところが、特許はイノベーションを妨げる可能性もあります。まず、第1に特許は1番乗りでなければビリも一緒です。2013年3月からアメリカも他国と同様、先出願主義となり最初に特許申請書を提出した人に権利が与えられることになりましたが、それまでは最初に発明したことを証明できれば出願は遅くなっても権利を得ました（多くの場合、先に発明した人が先に出願していて、発明者と出願者が係争することは稀です）。いずれにせよ、1番乗りが権利を得て、2番目、3番目は価値がありません。このため、特許を早く取ろうとする企業は必要以上に研究開発努力をする恐れがあります。3カ月で仕上げればよいものをあせって1カ月で仕上げようとすれば、技術者を3交代制で働かせるなど人件費がかさみます。社会的に見れば、そのような技術者は他のテーマの研究開発に携わったほうがよいわけで、資源を浪費し、他のイノベーションを妨げることになります。

　第2に重要な発明が最初に特許になってしまうと他の企業が改良を行いにくくなります。前掲（§2）の図5のS字カーブに沿って上昇することが難しくなります。新しい技術・製品は最初の発明者以外が競争の中で改良していくことで大きな進歩になるのですが、それが妨げられます。

　第3には、1つ1つの技術はそれほど重要でなくても、多くの技術を組

み合わせて製品を作る場合、個々の技術が特許になってしまっていると、ライセンス交渉が難しくなります。これは「特許の藪」とも呼ばれます。

一般的には、特許はイノベーションを妨げるよりは促進する面のほうが強く、なおかつ、独占による弊害も相殺してあまりあると考えられているので、制度として存在しているのです。

ところで、航空機の創生期、ライト兄弟が特許をとりました。当時はさまざまな人が航空機の特許を取ろうとしたので、特許庁は実際に飛行に成功した者からのみの出願を受け付けました。1906年に認められた特許は広範に飛行技術をカバーしていますが、カギは主翼を左右逆方向にねじって機体を傾けて曲がる（"Wing Warping"）ということでした。Part 1 でもふれましたが、傾けて曲がるのは航空機と単車（自転車・オートバイ）だけで、ライト兄弟の独創性はそこにありました。

カーチスも航空機を製作して飛行を行うようになります。ライト兄弟はカーチスが実験にとどまらずレースで賞金稼ぎをし始め、さらに販売も始めたので 1909 年に特許侵害で訴えます。特許になっている技術を試すことは特許侵害にならないという「試験での免責」は、アメリカの特許法にありませんが、判例として定着していました（日本の特許法には第 73 条にあります）。実験で使っているうちはよかったのですが、金もうけに使うようになると特許係争が起こりました。

1910 年 1 月の第 1 審ではライト兄弟の勝訴で、カーチスは操業差し止めとなります。6 月の控訴審ではカーチスが勝ち、操業差し止めの執行を免れます。1911 年カーチスは主翼に補助翼をつけて、片方だけ上下させる方式で、ライト兄弟の左右をねじるのとは違う方式で特許をとりました。実は今日の飛行機で使われる技術はライト兄弟のものでなくカーチスの補助翼ですが、1914 年連邦控訴巡回裁判所（高等裁判所レベル）はライト兄弟の特許を広く解釈しカーチスの補助翼は特許侵害だとして、ライト兄弟の勝訴が確定しました。

しかし、カーチスは第 1 次世界大戦中は、カナダの子会社で補助翼を作り、イギリスで機体に取り付けるという形で輸出しました。カナダではラ

イト兄弟のアメリカの特許は関係なかったからです。カーチスはまた飛行艇で多くの特許を取って対抗しました。

　第1次世界大戦が始まり航空機の重要性を認識し始めていた連邦政府（軍）は、特許係争がアメリカの航空機技術の進歩を妨げていると考えました。とくに、政府が製作を委託しようとしたメーカーがあとで特許侵害で訴えられるのを恐れ、契約を渋ったりしました。そこで、軍とNACAが主導で議会も法案で後押しして、1917年にManufacturer Aircraft Association（MAA）という団体を作ってパテントプールを行います。政府主導ですが、民間組織でした。業界（といってもほとんどがライト兄弟とカーチス）の特許を集め、第3者が使用した場合、1機につき200ドルのロイヤルティを支払ってもらいます。そのうちライトが135ドル、カーチスが40ドル（ライトの特許が切れたのちは175ドル）、他のメンバーが25ドルを得ることになり、ライト社もカーチス社もそれぞれ200万ドルになるまでか、自分の特許が切れるまでの、どちらか早いほうまでロイヤルティを得られることになりました。海軍長官（Josephus Daniels）は高すぎることに不満で、両者の上限は100万ドルにすべきだと述べていましたが、結局第1次世界大戦中はMAAへのロイヤルティ支払いは183万ドルに抑えられていました。ライトの特許は1923年、カーチスの特許は1933年に失効しました。それまでにはMAAには436万ドルのロイヤルティが入り、両社とも200万ドルを得て、他のメンバーに36万ドルだけが支払われました。ロイヤルティのほとんどがライトとカーチスの特許で発生していたのですが、カーチスの特許が切れる直前の1928年にMAAは規定を変更し、MAAの組織維持のために特許使用者は航空機売り上げの1933年には0.25％、1935年以降は0.125％のロイヤルティのみを支払う必要があると定め、実質的にはメンバーの特許は無償でクロスライセンシングすることが再確認されたわけです。

　このパテントプールは第2次世界大戦後も続いたのですが、1972年に司法省が提訴し、1975年に和解し解散します。1970年代は特許を重視せず、反トラスト（独占禁止）政策も厳しい時代でした。特許権者がライセ

ンス契約で不当に有利になることが厳しく規制されていました。MAAでは、ライセンスの受手が改良を施し取得した特許をMAAに返すことにしていましたが、それが問題になりました。ライセンスの受手が行った改良は受手のもので、元の特許権者が権利を主張するのはおかしいということです。さらに、特許を重視していない時代でしたが、パテントプールにおいてメンバーの特許を互いにただでライセンスできるしくみは、特許を取っていなくてもライセンスで利用できる、特許を取っても無償でライセンスされて使われてしまう、という二重の意味で特許を取ろうという意欲や研究開発投資を行う誘因を損なうと考えられました。

　航空機メーカーのパテントプールは否定されましたが、他の産業でパテントプールは行われています。1980年代以降はプロパテント（特許重視）と反トラスト規制緩和の流れですので、さまざまなパテントプールが民間企業主導で作られています。DVDの技術などでは、特許を共有しないと新製品を作れないので、正当化されます。プールする技術が補完的であれば問題ないのです。ところが、代替的な（ライバル関係にある）技術のパテントプールは競争政策上、問題になります。プールすることで、ライセンス交渉においてプールの参加企業が独占的な力を持つと考えられるからです。

　ところで、「試験での免責」ですが、長い間、判例として認められると考えられてきました。「哲学的探究（今日的には純粋な基礎研究）」「趣味」「商業目的でない」ならば、特許になっている技術を使用してもよいとされてきました。しかし、2002年のマディ対デューク大学判決（2003年、最高裁が上告棄却で判決確定）によって、大学の活動は非営利目的であるかもしれないが、本業である研究での特許侵害は認められないという判断が下りました。趣味ならばよいが本業ではだめ、大学にとって研究は本業であるから認められないということになりました。

5　公共財としての知識の供給

　Part 1 でみましたように、NACA は航空機メーカーにとって重要なデータを提供しました。これはだれもが利用できる公共財としてのデータです。1930 年代初めまでに、NACA は風洞でさまざまな形状の翼の実験データを集めて公開し、航空機メーカーはこれらを自由に使うことができました。同様の研究をプロペラでも行っています。1928 年にできた冷凍風洞は、低温での風洞実験を行うもので、翼の氷結についての貴重なデータを生みだします。1931 年には戦闘機クラスならばそのまま入れることができるフルスケールの風洞が完成します。航空機の開発では模型を使った風洞でのデータと実物の航空機でのデータの違いが問題になりますので、いきなり実物大で実験できることのメリットは大きなものがありました。また、さまざま気圧でも実験できる風洞も開発しました。

　1935 年には NACA のワーナー（Edward Warner）がダグラス社のコンサルタントも兼職していました。DC4 の安定性・操縦性に関する研究から始まり、ワーナーは NACA で"Flying Quality"というプログラムを行います。これは、12 の機種の安定性・操縦性をテストパイロットの意見と操縦桿や操舵システムのデータを照合して向上させるものです。ライト兄弟のときからアメリカでは飛行機は自動車ほど安定したものでなく、パイロットの腕次第なのはあたりまえ、という考えが強かったのですが、"Flying Quality"は操縦性の安定のためにどの企業も使える貴重なデータを生みだしました。軍用機では安定性より機動性のほうが重視されるので、その観点から軍用機向け"Flying Quality"も研究されました。

　公共財というのは厳密には非競合性、非排除性の 2 つの条件を満たす財です。非競合性とは、複数で消費しても価値が減らない、もう 1 人に供給するのに追加的コストがかからないということです。一般の財（私的財）

では、ある人がラーメンを食べているのに、別の人が箸をつっこんできたら、価値が減ってしまいます。もう1人にラーメンを供給するにはコストがかかります。しかし、公共財ではそうはならないということです。非排除性とは料金を払っていない人を消費から排除できないということです。私的財ならば料金を払っていない人に提供しないことは容易なことですが、公共財は難しいのです。

　公共財はそれを得た人は満足するのに、供給するのに追加的コストがかからないのですから、なるべく多くの人に供給するのが好ましいです。ところが、最初に公共財を供給するためのコストの負担は誰もしたがりません。政府が利用者にいくら払う意思があるか訊いてもだれも正直には答えません。非排除性のため、支払いをしない人も消費から排除することができないからです。したがって、政府が公的資金を使って生産だれでも消費できるようにしておくことが望ましいわけです。

　科学・技術知識は公共財の性質が強いと考えられます。ある人が丁寧に円を描いて直径と円周を測定して円周率を3.141592まで明らかにしたとしましょう。これを他人に教えたら3.14にまで桁が減ってしまう（価値が下がる）ことはありません。一方、この情報を知った人が頭の中でこれを使うたびに料金を徴収することも不可能です。このような知識は公的機関が提供することが望ましいわけです。

　前述のNACAは公共財としてのデータの供給を行っていたのです。航空機メーカーにとって必要だが自分で資金を出して行いにくい研究を行い、データを公表し企業が使えるようにしました。企業にとって貴重ですから、自分たちで行ってもよいのですが、知識を秘密にしておくことは難しいです。特許がカバーしてくれず、翼やプロペラなど航空機を見ればわかってしまいます。エンジニアが会社を移れば大まかなことはもれてしまいます。一方、この情報は共有しても価値が減るわけではありませんから、各企業がそれぞれでデータを取れば重複努力であり無駄になります。

　§4で説明した特許は非排除性を解決しようとするものです。研究成果をどんどん特許にして他人に使用できなくする、使用されるときはロイヤ

ルティを受け取ることで、研究開発投資の誘因を高めることです。ところが、特許は知識の持つ非競合性の問題は解決していません。追加的なコストがかからず多くの人に知識を与えることができ、知識を得た人は便益を得るのならば、知識は囲い込まず広く伝播させたほうがよいかもしれません。

　港湾・道路・橋などのいわゆる「インフラ」は公共財ですから、政府が積極的に建設すべきという意見があります。航空産業のインフラといえば空港でしょう。ただ、本当に公共財の条件を満たしているかは慎重に考えてみる必要があります。がらがらの空港では、発着回数が増えても気になりませんが、同じ時刻での離陸ができなくなって待たなければならないことになれば、価値が減りますから、非競合性は満たしません。また、料金を払わない航空会社には管制官が誘導しない、夜ならば照明を消す、搭乗ゲートを割り当てない、地上職員が荷降ろしや燃料供給の対応しない、などによって利用を拒否できます。非排除性も満たしません。したがって、厳密には公共財ではないのです。海外旅行をすると、日本の国際空港の貧弱さを感じるかもしれませんが、税金を使って空港を作るべきか、考えてみる必要があります。また、高いとされる乗客への空港使用料金や航空会社への着陸料も、空港を利用しない市民の税金を投入せず、空港を利用する旅行者や航空会社が負担する受益者負担の観点からは理解できます。

　灯台は経済学の教科書に公共財の典型として紹介されていました。岬にある灯台の光を見て、船はその方向に港があるとわかります。灯台の光は多くの船が見ても価値が減りませんから、非競合性は満たしています。料金を払っていない特定の船に光を見るな、というのも難しいですから、非排除性も満たします。ところが、イギリスでは灯台は必ずしも政府による設置・運営ではありませんでした。1514年にTrinity Houseという民間組織が航海施設設置に関して国王から勅許を得ました。17世紀初めまではTrinity Houseが灯台も作っていました。ところが、その後、他の民間団体が灯台を作るようになります。彼らも船から料金を得る権利を国王から与えられていたのです。船の重量当たりの料金が船主に課せられていまし

た。19世紀になるとTrinity Houseは灯台の運営の権利を買い集め始めます、議会も1836年の法律で購入を促進し1842年に購入が完了します。民間による灯台の運営は非効率的と思われていたため公有化が進むのですが、1853年と1898年の法改正によって灯台の運営費は税金の投入でなく受益者からの料金徴収という形が定着します。すなわち、基本的に灯台は受益者である船主が払う料金によって運営され、税金を投入してはいなかったのです。ある程度のただ乗りが出るのは止むを得ないが、必要なものは受益者である自分たちで支えようというものです。このように、公共財のように思われる財であっても政府に頼らず民間の力でできる場合もあるのです。

6 規模の経済性・範囲の経済性・習熟効果

　生産量が多くなるにつれて1個当たりのコスト（平均費用）が小さくなることを、「規模の経済性」といいます。平均費用曲線はU字型なのですが、規模の経済性があると、右下がりの部分がいつまでも続き、なかなかU字の最低点にたどり着きません。一般に費用には、生産量に応じて変化する可変費用と変化しない固定費用があります。前者には原材料費、後者には機械設備費があげられます。人件費は理論的には可変費用ですが、現実には解雇・採用はそれほど頻繁に行われないので、固定費用の性格が強いのですが、長期的には可変費用です。労働者に限らず、機械設備も長い目で見れば増減できるので、長期的にはすべて可変費用になります。固定費用が大きいと規模の経済性が働きやすくなります。生産量が多くなると1個当たりの固定費用負担が小さくなりますから、平均費用の低下が続きます。

規模の経済性は工場現場で働くだけでなく、会社組織で働くこともあります。従業員が2倍になっても、本社機能（広報部、マーケティング部、人事部、経理部）は2倍にならないですむので、大きな企業のほうが効率がよくなります。

　航空機メーカーは、Part 2 §7で述べる流れ作業（ライン生産）が難しいという点では、規模の経済性はそれほど働きません。しかし、大規模企業の有利さは存在します。航空機は工場のスペースが大きいので、大規模投資ができる企業でないと生き残れません。ボーイング社はB747の生産に当たって、シアトルの郊外のエバレット市に工場を建設しましたが、これは今でも容積で世界最大の建物です。

　ただ、会社組織としてあまりに大きな受注は費用増加の原因となり、受注の増加がかえって経営を圧迫することになります。カーチス・ライト社における戦時中の軍用機受注の増加やダグラス社における1960年代半ばの旅客機の受注増加は経営を圧迫します。会社組織として、平均費用曲線が右上がりの領域に入ってしまったのです。

　異なる種類の財を一緒に作ると、別々に作ったときのコストの合計より低くなるのが、「範囲の経済性」です。多角化の要因になります。石油化学などでは原油からさまざまな製品が作られ、範囲の経済性があります。ある製品の研究開発や生産で得た知識・ノウハウが他の製品にも活きるのならば、範囲の経済性が存在します。航空機産業では、一旦、ある機種を開発・生産し始めたら、航続距離や乗客数を変えた改良版（シリーズ）を出すのは安くできるので、範囲の経済性が働きます。操縦訓練や整備に一旦慣れてしまった航空会社は、シリーズが出ることを望みます。その点、ボーイングのB737はロングセラーで成功しています。ただ、操縦環境や整備方法の統一というのはヨーロッパのエアバス社が成功した要因で、ボーイング社はむしろ後れをとりました。軍用機もF4ファントムⅡやF15イーグルはロングセラーで、初期の開発投資がさまざまなバージョンで活かされています。民間機でも軍用機でも、大ヒット作を出したメーカーはシリーズを出して長い間稼げるのに対して、負けた企業は次のチャ

ンスがなかなか来ないので苦しくなる、強者と弱者の差がつきやすい構図です。

　航空機メーカーは、軍用機と旅客機を生産し、片方から他方に技術を移転することで、範囲の経済性を活かすことを期待されます。しかし、実際にはそれほどでないともいわれています。1940年代から50年代にかけてのボーイング社ではB47やB52で培った後退翼とつり下げエンジンがB707に活かされました。その後はコンベア社やノースアメリカン社といった超音速戦闘機のメーカーがその技術を超音速爆撃機に活かしました。ただ、軍用機のメーカーの技術が旅客機に活きることはあまりなく、コンベア社は旅客機から撤退しました。軍用機メーカーであるグラマン、マクダネル、ノースアメリカン、ノースロップの各社は、旅客機では実績を残せませんでしたし、関心もありませんでした。ダグラス社は当初は軍用機でしたが、DCシリーズ以降は旅客機中心でした。ロッキード社は旅客機から撤退します。ボーイング社は爆撃機と旅客機のシナジー効果をうまく活かしていましたが、戦闘機はほとんど生産をしていませんでした。マクダネル・ダグラス社の合併によって戦闘機に再参入します。

　一方、航空機メーカーはミサイル・宇宙産業にはうまく参入しました。ミサイルはそれまでの戦略爆撃機に代わるものである可能性がありました。とくに、小型化され核兵器を搭載したミサイルは重要な軍事力になります。それまでは広島・長崎のケースのように爆撃機が核爆弾を上空から投下する方式でした。制空権を維持し爆撃機を領空に侵入させなければよかったのですが、高速のミサイルは敵地から瞬時に飛来します。ミサイルの開発、それを探知するレーダーの性能向上が重要になりました。エレクトロニクスの技術を持った企業が新たに参入してきたのですが、既存の航空機メーカーも対応し、1956年にはミサイルの生産において航空機メーカーは23.5％を占めたのみでしたが、1961年には74.5％になりました。コンベア社のアトラス、マーチン社のタイタン、ボーイング社のミニットマン、ロッキード社のポラリス、ノースアメリカン社のハウンドドッグなどが生産されました。

エレクトロニクスの重要性が高まったとはいえ、航空機メーカーは機体の組み立てに関しては航空機で活かしたノウハウをうまく活用したといえましょう。もっとも彼らの成功には、政府（軍、NACA やそののちの NASA）との人脈があったことも要因としてあげられます。さらに、ミサイルは爆撃機や戦闘機に取って代わる（高速のミサイルを戦闘機で迎撃するのは難しいので、迎撃もミサイルで行うようになる）可能性がありましたので、航空機メーカーは生き残りをかけ企業努力をしたともいえましょう。

　航空機メーカーはとくに不況になると自社の知識が他の分野で利用できないか、範囲の経済性を活かそうとして、航空機以外の民生品市場への進出を図りました。古くはボーイング社は第 1 次世界大戦後の不況の時代に、当時の航空機は木材で作られていたのでそのノウハウを活かそうと家具生産に進出しますが、赤字でした。同社は 1960 年代末から 1970 年代初めにかけても、民間用水中翼船、エネルギーシステム、排水浄化、海水淡水化、軽軌道電車など異業種に進出しましたがどれも成功しませんでした。1971 年、ボーイング社のヘリコプター部門が路面電車を製作しボストンとサンフランシスコでは採用されましたが、結局は 1980 年にこの分野から退出しました。航空機作りでの技術力・ノウハウを他にはなかなか活かせませんでした。冷戦終結後は多くの航空宇宙企業が生き残りをかけて民生品市場への進出を図り、連邦政府も支援しましたが、大きな成功はあげられませんでした。結局、軍事部門を無理に転換せず、事業部ごと売却してしまうことでリストラを図りました。航空宇宙産業は独特のノウハウを持っており、他の産業からこの産業への参入も、この産業から他の分野への進出も難しく、範囲の経済性は必ずしも有効ではありません。自動車産業による参入の失敗については §7 で述べます。

　累積生産量が増加するにつれて、1 個当たりのコストが低下することを「習熟効果」または「学習効果」と呼びます。航空機生産の習熟効果は古くから指摘されていてカーチス・ライト社の例がすでに 1938 年に発表されています。習熟効果の例として有名なのが、第 2 次世界大戦中、男性労

働者が徴兵されたため、未熟練女性労働者が大量に生産現場に入ったのに生産性が次第に向上していったことです。ボーイング社のシアトルのB17の生産工場では、1941年9月には、労働者1人が1機完成させるのに換算すると142837時間かかっていたのが、1944年8月には15316時間と、10分の1近くになっていました。累積生産量が2倍になると、コストは27.9％下がるともいわれました。同様に、ボーイング社では1969年には7機のB747を25000人で作っていましたが、80年には同じく7機を11000人で作ることができました。

しかし、習熟効果と規模の経済性は区別が難しいものがあります。規模の経済性では今日、この時点での生産量に注目しますが、習熟効果ではこれまでに生産してきた量に注目します。今日の生産量が多ければ、当然、累積生産量も多くなってしまい区別が難しくなります。

また、大量生産を行うようになると、多くの労働者を雇い、1人が同じ作業ばかりしても充分な作業量があるので、工場内での分業が可能になります。1つの作業に専念すると、異なる作業に移ったり、部品・工具を取りにいったりする無駄がなくなるので、生産性があがりますし、同じ作業を繰り返すことで経験・慣れによって技能が高まるという習熟効果も生まれます。

さらに、習熟効果には、労働者が慣れ・経験を積むことによって生産性が高まることによるものと、経営陣が経験を積んで生産方法や工場内の配置を改善することによるものとがあります。B17のシアトル工場の例でも、実際には転職率が高かったので、1人の労働者が技能を磨いていったとは限らず経営管理の向上による部分もあったと考えられます。1970年代初めのボーイング社でも、労働者が自分の持ち場で作業しているのは労働時間の4分の1程度で、残りは工具や部品を取りにいっていることを突き止め、工具と部品の配置を改善することで生産性を向上させました。

戦時中は女性労働者がPart 1で述べた沈頭リベットを打つ作業に携わります。自動化も進み1人でできるようになりました。慣れによる習熟と工具の進歩の区別は難しいですが、生産性が上がったことは事実です。彼

女たちは「リベット打ちのロージー」と呼ばれました。彼女たちの活躍が戦後の女性の社会進出につながったともいわれます。戦前、女性の職種は店員、事務職、製造業では繊維産業、黒人は家政婦が主でした。その彼女たちが新たに機械・金属加工産業で働きました。また、戦前、とくに1930年代の不況の時代は、結婚したら扶養家族になれるのだから退職して、他の人に仕事を明け渡すべきと考えられていました。ところが、戦時中は軍需工場では既婚女性も働くことになりました。もちろん、軍需工場の女性労働者は男性が復員すると退職しました。しかし、既婚者も含めた女性が広範な職種で働いたということで社会規範も変化し、戦後の好景気に助けられたこともありますが、アメリカでの女性の社会進出が一層進みました。

　規模の経済性や習熟効果は、戦略的通商政策理論で重要ですが、§12で改めて説明します。

7　製品設計におけるモジュラー型とインテグラル型

　Part 1でも述べましたが、自動車メーカーの生産能力は第1次世界大戦、第2次世界大戦で航空機生産への転用が期待されました。フォード (Henry Ford) はまず1926年に郵便事業に参入しましたが、使っている航空機に満足できなかったので航空機メーカー（スタウト・メタル・エアプレーン）を買収してトリ・フォードというモデルで航空機製造業に参入します。不満に思ったユーザーによるイノベーションです。1920年代末にはフォード社は航空機でも有力メーカーでした。さらに、第2次世界大戦中はウィローラン工場で自動車生産の仕方でコンソリディティッド社のB24リベレーター爆撃機を大量生産します。ただ、自動車と航空機は生産

の仕方が違いました。まず、第1次世界大戦のときは航空機は木と布の手作業組み立てで、金属部品の流れ作業組み立ての自動車とは合いませんでした。第2次世界大戦時には金属製になった点では自動車に近づいたのですが、複雑さは増しました。自動車が5000点の部品といわれる中、飛行機は15万点です。ちなみに今日ではさらに差が大きくなり、3万点対300万点といわれています。エンジンには共通性があったので、第2次世界大戦のときは自動車メーカーはエンジンの生産を行い、フォード社のように航空機を組み立てたのは例外的でした。戦争中の非常時でしたので、自社のやりかたを強引に適用して、なんとか大量生産を行いましたが、フォード社は勝手の違いを認識しました。また、戦争直後は本業の自動車産業の需要の増大が見込まれていましたし、GM社との競争も熾烈でした。さらに、フォード社長自身が航空機よりも自動車に魅力を感じていました。こうして、フォード社は不慣れな航空機産業には見切りをつけて撤退しました。実はライバルのGM社はノースアメリカングループの株が大恐慌で暴落する中、1933年にノースアメリカン社の筆頭株主となり、1948年まで株を保有していましたが、航空機作りに関与することはほとんどありませんでした。結局、自動車産業と航空機産業は接点がなくなりました。

　第2次世界大戦までのプロペラ機ではエンジン、無線機器、わずかな標準装備品を除いては航空機メーカーが内製していました。1941年の下請率は10％台でした。第2次世界大戦の戦時動員体制で下請けが進みます。1950年代のプロペラ旅客機では下請けが40％程度になります。ジェット機になると技術が高度で複雑になり1つの企業がすべての知識を持つことが難しくなりますので、下請率があがりB747では65％となりました。

　このように部品の外注はしているのですが、航空機の場合は組み立て作業が、熟練工による手作業の性格が強く、未熟練工が流れ作業の中で部品をつけていく自動車とは異なります。自動車はボディの土台（シャーシー）をはやくに固定してしまい、それをベルトコンベアのラインに流して、部品をつけていけばすみますが、航空機は組み立てるにつれて四方に広がっていくので、ラインに乗せての流れ作業が行いにくいものです。

しかし、そもそも現場での作業だけでなく設計思想が航空機では部品同士の微調整が必要なインテグラル（すり合わせ型）で、IT機器のようなモジュラー型とは異なっています。
　モジュラー型はパソコンを思い浮かべてください。CPU、モニター、キーボード、プリンターなどの装置、さらにCPU内部でのマイクロプロセッサやメモリーチップなど各要素技術（モジュール）は孤立しています。ただ、接合部分（インターフェイス）は標準化されているので他社製部品でもはめ込んで接続すれば簡単に使えます。モジュラー型では、1つの機能は1つの要素技術が担っていて、1つのモジュールの設計が変更になっても他のモジュールの設計を変更せずに特定の機能は向上します。それぞれのモジュールで競争が行われ、企業は自分が選んだモジュールで世界シェアを獲得することを目指します。しばしば最終製品のメーカーよりも要素技術で天下を取った企業のほうが収益を上げています。アメリカのメーカーはインテル、マイクロソフト、グーグルなど特定の分野での勝者として収益を上げており、最終製品のパソコンの組立はしませんが、パソコンメーカーよりも儲かっています。アップルはこの流れにあえて逆らって自分で製品全体を設計することにこだわっていますが、生産は海外に委託しています。
　これに対してインテグラル型という設計思想があります。たとえば、車の乗り心地を改善する単一の部品はありません。サスペンション、エンジン振動、空気抵抗など総合的に改善しなければなりません。そして部品と部品は、単につなぐだけでなく微調整することが重要で、ある部品の設計変更は他の部品とシステム全体の設計変更を必要とします。
　本来、自動車はインテグラル型なのにアメリカの自動車メーカーは設計段階ですり合わせを丁寧に行ってこなかったので競争力を失ったといえます。一方、アメリカの企業はモジュラー型のITやエレクトロニクスでは競争力を保っており、この分野では日本のメーカーはすべてのモジュールの競争に参戦してもイノベーションのスピードについていけず、どのモジュールでも主導権を握れなくなっています。

航空機は本来、インテグラル型です。要素技術を微調整して組み合わせて性能を発揮します。ボーイング社は外注を増やしていますが、単なる最終組立メーカーではなく、設計段階からのシステムインテグレーターになっています。

　航空機は自動車のようなインテグラル型なのにアメリカが強く、日本が弱いのは不思議な感じですが、先行者がノウハウを蓄積した点が大きいと思われます。日本の航空機技術は第2次世界大戦開戦時には優れたものがありましたが、戦後7年間に一切の活動を禁止されていました。優秀な人材は他の産業、とくに自動車産業に流出してしまいました。この間に世界ではジェット化が進んだため大きく出遅れたといえましょう。日本の自動車技術も大きく遅れていましたが、戦後の自動車技術は進歩がそれほど急速ではありませんでしたので追いつくのが容易でした。また、国土が狭く鉄道も発展しており、軍需も小さかった日本では、航空機に対する国内需要が喚起されませんでした。日本はアメリカほどの自動車社会ではありませんでしたが、所得の増加とともに自家用車の需要が大きくなり、自動車メーカーを助けました。

　ただ、最近では航空機でも一括外注化が進んでいます。部品メーカーを厳選し、1次下請けになった有力部品メーカーが、2次下請けを使ってシステム全体を仕上げて納品するということが行われるようになってきました。システムのメーカーの中では、降着システムのグッドリッチ社や飛行制御システムのハネウェル社やロックウェル社などが成長しました。

　ボーイング社はマクダネル・ダグラス社を合併した直後の1998年には3800社の部品供給企業を持っていたのですが、2006年には1000社にしました。とくに、9社をパートナー、215社をメジャーと呼び部品メーカーも階層化しています。システムを一括して任せてしまい納品してもらうのは、モジュラー型を取り入れた設計思想です。ボーイング社は、このやりかたでB787を生産しましたが、さまざまなトラブルが発生して納期が2年以上遅れました。2011年秋に就航しましたが、バッテリーが発火事故を起こし2013年1月から4月まで運航停止に追い込まれました。システ

ムがブラックボックスになってしまい、ボーイング社自身がシステムの統合をしきれていないのではないかと懸念されています。外注したシステムを単にはめ込むのではなく、設計と生産現場においてシステム間の微調整・すり合わせを行うことはまだまだ重要なのかもしれません。

8　垂直統合・非統合

　前のセクションでシステムの一括外注について述べましたが、実は航空機メーカーは基幹となるエンジンは外注してきました。航空機メーカーにとっての柱はエンジンではなく主翼の設計・製造です。ピストンエンジンは自動車で実用化されていました。しかし、航空機に利用するには軽量・高出力であることが求められました。そのようなエンジンはなかったのでライト兄弟は自分たちで製作しました。グレン・カーチスはもともとオートバイのエンジンの製作を行っていたので、自分の飛行機でもエンジンは内製でした。しかし、航空機メーカーが増えてくる中で、エンジンを内製する能力のある企業は限られていて、外部から購入することになります。

　航空機エンジンにはより一層の軽量・高出力が求められ、より軽い金属・合金が使用されたので、独特のノウハウが必要となり、限られた数の航空機エンジンメーカーが現れ、参入障壁は高くなります。一旦、参入に成功すれば、エンジンは整備・修理が重要ですから、部品交換・メンテナンスサービス料で収益を上げることができました。

　ライト兄弟の会社は、前述のプッシャー・トラクター論争で劣勢になり、機体メーカーとしての地位が低下しますが、エンジンメーカーとしては一流でした。第1次世界大戦後、ヨーロッパでは高空でも高出力の水冷エンジンが重視されましたが、アメリカでは国土が広いので燃費のよい空

冷エンジンが有力でした。ただ、当時のエンジンはむき出しでしたが、空冷エンジンは突起が多い形状で空気抵抗が大きいので、陸軍は水冷エンジンに関心を示します。一方、水冷エンジンは整備が難しく、狭い航空母艦スペースをさきたくない海軍は水冷エンジンには関心を示さず、空冷エンジンの空気抵抗を減らす方向に向かっていました。1921年、ローランス（Charles Lawrance）というエンジニアが性能のよい空冷エンジンを開発したのですが、彼の会社は経営基盤が弱かったので、海軍のレイトン（Bruce Leighton）大佐はライト社に買収してもらいました。しかし、内部で軋轢が生じ、エンジニアたちが独立します。スポンサー企業の名前からPratt & Whitney（P&W）というエンジンメーカーが誕生しました。彼らが独立する前にライト社で開発したライトJ5エンジンはリンドバーグ（Charles Lindberg）の大西洋単独無着陸飛行の「セントルイス魂号」（スポンサーがセントルイスに多かったのでそう名付けられます。リンドバーグ自身もシカゴ・セントルイス間の航空郵便のパイロットでセントルイスに人脈がありました）に搭載されました。

　しかし、陸軍が本格的に空冷エンジンから水冷エンジンに転換すると、P&W社は大きな打撃を被ります。その際には、ヨーロッパ向け輸出で生き延びました。ヨーロッパそのものは水冷エンジンが主流でしたが、輸出機では空冷エンジンの余地も多かったのです。

　Part 1で述べましたが、1920年代に垂直統合が進みました。メーカーにとっては納品先として航空会社を持ちたい、航空会社としては最新鋭機をすぐに供給してくれる航空機メーカーを持ちたいという動機もありました。エンジンと機体メーカーも同様の思惑で、同じグループに属することになりました。

　このように垂直統合するか否かの判断基準は、自分（グループ内）で作るか、市場で調達するか、ということです。市場で調達するには取引費用というものがかかります。取引先を探し、交渉し、契約を結び、契約不履行ならば裁判を起こす、などです。紙と鉛筆だけの費用のようですが、重役クラスが交渉に参加すれば、その時給換算、さらに、その時間を他に費

やせば得られたであろう企業の利益などの機会費用を考えると、コストは無視できなくなります。また、特定の納品先しか使わない特殊な部品の生産は、注文が長期的に保証されない限り部品メーカーは引き受けたくありません。特殊な部品のために機器をそろえた後で、契約をきられてはたまりませんし、また、交渉の際に部品メーカーは立場が弱くなってしまいます。そのため、組立メーカーは自分のところでしか使わない部品は外部から購入できず、内製することになります。内製する技術を自分で獲得するのが難しければ、部品メーカーを買収します。しかしながら、独立した部品メーカーは競争がありますし、納品先が多く大量生産していますので、高品質と低コストを達成してきました。合併されて1つの事業部になってしまうと常に納品されるので、気の緩みがでてきますし、生産量が小さくなることで「規模の経済性」が得られず、品質もコストも劣化する恐れがあります。これらの判断を総合して、買うか内製（買収）するかを決めるのです。

　ボーイング社は1930年代初めのモデル247のときに、グループ内のP&W社からエンジンを調達し、ユナイテッド航空に販売することに満足し、他の航空会社の要望に耳を傾けることをしませんでした。ダグラス社はTWAからのモデル247の対抗機種を作ってほしいという要望を受けて、独立エンジンメーカーを競わせ性能のよいカーチス・ライト社のエンジンを採用しDC1の機体を大きくすることに成功しました。さらに、アメリカン航空の要望を聞いてさらなる大型化に取り組み、DC2、DC3を作り出します。結果としてDC3はモデル247の2倍の大きさになり、市場を圧倒しました。

　このように垂直統合は行う企業にとっても期待通りの成果がでないこともあるのですが、社会にとってはどうでしょうか。一般に同業者同士の合併（水平合併）よりも垂直合併のほうが社会にとっての弊害が少ないといわれます。取引費用の削減によってコストが下がれば最終ユーザーにもプラスになります。1920年代の共和党政権下では垂直合併はほとんど反トラスト法（独占禁止法）の問題にはなりませんでした（水平合併について

は§13を参照)。

　しかし、垂直合併にも問題がないわけではありません。たとえば、部品メーカーが組立メーカーに買収されて、残った部品メーカーによる寡占が進むと、部品メーカーは部品の価格をつり上げるかもしれません。このことは買収を行わなかった組立メーカーには不利になります。組立メーカーはこれを狙って部品メーカーを買収したのかもしれません。このようなライバルのコストを上げる行為も、競争を阻害する行為として取り締まるべきかどうかは一概にはいえませんが、注意を要する行為ではあります。

　さらに、垂直合併が進み、たとえばどのメーカーもそれぞれ販売店を買収してしまうと、新規参入したいメーカーは販売店を見つけられなくなります。メーカーは生産のための設備投資だけではなく、販売のための投資を行わなければならなくなるので、参入障壁が高くなります。

　1930年代、ルーズベルト政権になり、垂直統合されたグループは解体されます。以後、エンジンメーカー、機体メーカー、航空会社は独立となり、売手・買手の関係を結んでいます。エンジンメーカーはジェットの時代になり、P&W社、カーチス・ライト社に代わって地位を得たGE社、イギリスのロールスロイス社（1970年代に経営破綻しますが、イギリス政府の支援で復活しました）の3社が同じような能力のエンジンを開発しています。

　従前は機体メーカーが新しい機体に新しいエンジンを特定していました。B747ではP&W社エンジンを採用したのですが、就航後にはGE社にもエンジン開発を促します。もともとP&W社は民間機で強くGE社は軍用機で強かったのですが、GE社は今回の受注をきっかけに民間機にも進出します。その後、1つの航空機に複数の異なるエンジンメーカーのエンジンが使われることが多くなり、さらに航空会社がエンジンを選べるようになりました。

　この垂直非統合にはよい面も悪い面もあります。好ましい面としては、機体メーカーからみればエンジンメーカー同志の競争は安いエンジンを可能にしますし、航空会社も機体メーカー同志だけでなくエンジンメーカー

同志も競争してくれるので安く機体が調達できることになります。一方、エンジンメーカーにしてみれば、競争は激しくなりますが、機体メーカーよりは航空会社のほうが数は多いので、どれかとは契約が結べそうで、1つの受注に失敗して契約がない状態が20年も続くということは回避できます。

問題点としては、エンジンメーカーがせっかくエンジンを開発しても、機体メーカーからの契約が独占的でないと売り上げが大きくならず開発の誘因が乏しくなることです。ボーイング社は最新鋭の超大型機B747-8ではエンジンをGE社とだけ契約しました。市場が大きくないと予想できたので、独占的供給でないとエンジンメーカーも開発のリスクをとりたくありません。実はボーイング社と比べてGE社ははるかに売上規模が大きく、P&W社の親会社のユナイテッドテクノロジー社はボーイング社とほぼ同じ規模です。もちろん、航空機エンジンはこれらの企業にとって重要な事業部ですが、ボーイング社としてはこれらのメーカーを怒らせて、エンジン製造から撤退してしまうことは避けなければならず、契約交渉でそれほど強気にもなれない面もあります。また、航空会社にとっては、エンジン、機体を別々に注文すると、納品が間に合わないリスクが高まります。

1989年にユナイテッド航空のDC10型機で垂直尾翼に取り付けたエンジンが脱落し、油圧システムも損傷し操縦不能となりました。パイロットはなんとか不時着を試みましたが、炎上し乗員・乗客296人中111人が死亡しました。P&W社にはタービン翼の製造過程で不純物が混入したことの責任がありました。ユナイテッド航空には点検で亀裂を発見できなかったという不備がありました。機体メーカーのマクダネル・ダグラス社は垂直尾翼のエンジンが破損しても操縦できるような油圧配置の設計にすることを怠りました。3者がお互いに罪をなすりつけあい、垂直非統合の悪い面が出ました。

9 政府からの受注

　軍用機は政府が購入者ですが、第1次世界大戦後は、政府は設計段階と生産段階でそれぞれ入札を行っていました。設計・試作機で勝っても、設計図の権利を政府が持ってしまい、その飛行機の生産では改めて入札を行い、どのメーカーが生産するかを決めます。これは競争の段階を増やして腐敗をなくし質のよい航空機を安く作らせることを目的としていました。また、設計能力の乏しいメーカーも生産だけなら入札に参加できるので、中小メーカーを保護する意味もありました。中には、設計部門を持たず、人件費を節約し、そのぶん安く生産に入札して生産の契約を得ようとするメーカーもいました。一方、設計部門を持つ大手メーカーにしてみれば、設計ではあまり儲からず、生産で儲けたいのに、生産入札で負けてしまえば利益が上がりません。設計部門を持つことが財務的に負担になっていました。さらに、生産入札で勝った企業には設計のノウハウが充分にわたりませんでしたから、生産をはじめても苦労が絶えませんでした。ボーイング社が成長できたきっかけの1つが第1次世界大戦後にトーマス・モース社が設計したMB-3Aという戦闘機の生産での入札に低い価格を提示して契約をとったことでした。1機当たりの利益は少なくても200機を受注したので、経営状況が安定し、また生産経験を積めたことがのちの技術力向上にもつながりました。一方、トーマス・モース社は衰退します。

　1920年代に議会がランパート委員会、ホワイトハウスがモロー委員会を作ってそれぞれ航空機産業のありかたを審議しました。証言を求められた大手メーカーとNACAは、設計と生産は同じ企業が行うことを主張しました。1926年には海軍航空法、陸軍航空法が成立し、5年間で海軍が1000機、陸軍が1600機を購入することが決まりました。そして、後者の法律は拡大解釈され、設計では入札を行いますが、生産メーカーの選定で

の陸軍長官の裁量権を認めるとして、妥協が図られました。その後も1930年代後半にメーカー側は、法案でより明確に設計入札に勝った企業が生産をできるように認めてほしいと陳情しましたが、法案は成立しませんでした。

第2次世界大戦開始後の1940年夏、議会は競争入札を廃止します。そのかわり、飛行機の買い取り価格は、かかった費用に一定比率をかける方式でなく、費用プラス一定料金としました。費用に一定比率をかける方式では、結局、かかったぶんに上乗せしてしまうので、コスト削減の誘因がありません。費用プラス一定金額では、「一定金額」というのを予想される材料・人件費の7%を超えないものとして定めました。これですと、メーカーは、もしそれを下回る費用に抑えれば利益が増えますし、上回ってしまえば損失が出ますので、企業努力が期待できます。さらに、7%という比率は、1940年秋には6%にすぐ引き下げられ、その後も1942年に5%、1943年に4%となりました。率が下げられても、受注量が多かったので企業からの不満は出ませんでした。また、1942年に軍が企業の超過利益を払い戻させることができるようになりましたが、超過利益の定義があいまいで抜け穴も多いものでした。

これより先、1934年のヴィンソン・タランメル法で、海軍の軍工廠での生産は海軍の購入する航空機の10%までに限定する一方で、メーカーの利益率は10%とすると定めていました。陸軍にはその定めはなかったのですが、1939年に12%と定めました。そのときに海軍も12%にしました。戦時中はこの法案の執行は停止されました。戦後1947年、陸海空軍が成立した際に、ヴィンソン・タランメル法は撤廃され、利益率の上限は復活しませんでした。また、政府から開発を委託された航空機の、デザイン・特許権をメーカーが保有できるという航空機産業の念願がかないました。

ケネディ政権の国防長官にはフォード社の元社長マクナマラ（Robert McNamara）が就きました。彼は民間企業の合理化手法を国防省にも導入しようとしました。軍用機の契約において、費用に一定金額を加えた契約

では、当初の費用に上乗せされることは明らかなので、費用も含んだうえでの全体の金額を定める契約にしました。開発から生産まですべて含んでの入札（開発での入札のとき、いくらで生産できるという見積もりも含める）という「トータルパッケージ方式」にしました。ただ、Part 1 で紹介したロッキード社の C5A はこの方式だったのですが、実際には運用が杜撰でコスト超過につながり、企業にとってもそれを救済した政府にとっても大きな損失となりました。

ニクソン政権ではレアード（Melvin Laird）国防長官と、パッカード（David Packard）国防次官が委託方式の見直しを図ります。後者はシリコンバレーの代表的企業ヒューレット・パッカード社の共同創業者です。彼らは 1971 年に「トータルパッケージ方式」をやめて、かかったコストは保証する方式に戻しますが、政府とメーカーとの間でのより一層のリスクの分担を目指します。ただ、改革の道半ばでパッカードは 1972 年に退任してしまいます。

今日では開発で勝った企業がそのまま生産するのが基本です。複数の企業に生産の契約を発注するのは汎用的な部品が多く、軍用機では例外的です。セカンドソースを設けると競争が導入されますが、2 番目の企業に生産を立ち上げさせるコストがかかります。また、開発した企業はノウハウがライバルのセカンドソース企業に流れるのを恐れ、優れた技術を設計に取り入れない恐れがあります。

その後、1980 年代初めには試作機を作ってからの入札では負けたほうの開発費が無駄になるという批判が出て、設計図での審査（"paper airplane approach"）にしました。いずれもレーダーに捕捉されにくいステルス機の、海軍の Advanced Tactical Aircraft（ATA、のちの A12）、空軍の B2（1981 年にノースロップ社が受注）では設計図だけで決めました。A12 はコスト超過と開発の遅れが明らかになり、結局、1991 年初めに中止されました。

一方、ATA と同じころスタートした空軍の Advanced Tactical Fighter では 1986 年に、前述のパッカードを長とする検討委員が入札のありかた

を検討し、"paper airplane approach"を批判しました。とくに画期的な技術を採用するとき、実現性は試作機で示されるべきだとしました。ただ、軍が細かく仕様を決めるよりは、達成すべき目標だけを示し、どう達成するかは企業に任せ、それを試作機で比較すべきという意見でした。そこで、Advanced Tactical Fighter では試作機での比較による入札（"fly-before-buy"と呼ばれます）が復活しました。Part 1 で述べましたように、ロッキード社中心のチームの F22 が、ノースロップ社中心のチームの F23 に勝ちました。ただ、どちらのチームも試作機製作のために 8 億 1800 万ドルを政府から受け取り、自分たちも 10 億ドルを負担していました。

政府からの委託契約の問題は、企業がもうけ過ぎることよりもコストの超過（オーバーラン）です。企業は入札に勝つため（ウソとはいいませんが）楽観的なコスト予測にもとづいて低い納品価格を提示します。しかし、いざ開発や生産を始めると予定のコストでは仕上がらず政府が追加の支援をしなければならなくなります。政府は次期の軍用機が生産されないと国防計画にも支障をきたしますので、支援を続けることになります。連邦政府の契約では、1994 年の法改正まで、入札では過去の実績は無視して選考することになっていました。通常ならば過去にコスト超過、納品遅れ、性能の問題などを起こした企業は次の入札の審査ではマイナスに査定されるべきですが、そうではなかったのです。また、軍用機では開発そのものが軍事機密ですから、情報がなかなか明らかにされません。議会の中でも限られた人にしか知らされません。ステルスの B2 は存在そのものも長い間秘密でした。A12 も開発の進捗の遅れやコスト超過がなかなか明らかになりませんでした。

生産計画の途中で入札をやり直し、コスト超過企業を排除するというのも一案です。たとえば、海軍の A6 攻撃機はグラマン社が開発したのですが、1985 年に翼の付け替えでは再度入札を行い、ボーイング社が勝ちました。ところが、グラマン社は必要な図面をボーイング社になかなか引き渡さず計画に遅れが生じました。怒ったボーイング社の担当者がグラマン

社に乗り込んで行きました。第1次世界大戦後に軍用機の設計と生産の入札を別々に行っていたときにもノウハウの移転が行われないという同様の問題が起こりました。また、バージョンアップの生産の契約が得られないかもしれないのならば、研究開発投資そのものの誘因が減少してしまう恐れはあります。

　政府からの発注を受けた業者のコスト超過は軍用機に限ったことでなく、多くの公共事業で起こりえます。電力・ガスのような規模の経済性が大きな産業は、競争に任せておくと独占になってしまう（「自然独占」と呼ばれます）ので、政府が1社のみに独占権を認めそのかわりに料金は規制することが行われています。料金規制ではなく、入札を行い一番安い料金で供給できる企業に独占営業権を与えれば、政府の負担も小さく安い料金が達成できる、という考えもありますが、停電や事故がないように安定した質の高いサービスが保証されるかが問題になりましょう。入札に勝ったが当初の料金では無理なので、値上げしてほしいなどということにもなりかねません。入札した企業の監視を厳しくしなければならないのでしたら、政府の負担はあまりかわらないかもしれません。

　入札で問題になるのは、入札企業同士が談合することです。あるプロジェクトはA社、次のプロジェクトではB社などと順番に取ることを共謀します。勝つ予定の企業は充分な利益がでるような高い価格で入札しますが、他社はそれよりさらに高い価格で入札することを共謀しているので、落札することができます。幸い、航空機の場合は、入札におけるメーカー間の談合は起こりにくいと考えられます。公共事業の工事入札では同じようなプロジェクトが頻繁に起こるので、企業は順番に入札に勝つような取り決めができます。また、裏切って契約をとった企業は次から談合に入れてもらえなくなります。ところが、航空機では一旦入札に参加して勝てば、20年以上安泰です。どんなことをしてでも契約を得たいので、談合は起こりにくいのです。

10　航空会社の役割

　ユーザーはイノベーションに貢献します。まず、ユーザーからのフィードバックが有益です。また、ユーザーが大量に発注することで、メーカーは実際の生産経験を積むことができます。これが規模の経済性と習熟効果をもたらせます。さらにユーザーが不満に思ってもどのメーカーも対応してくれないのならば、ユーザー自らが研究開発を行って新しい製品を作ることも考えられます。また、イノベーションとは単なる新製品の商品化だけでなく、それが普及、ヒット作であることを意味しますので、初期のユーザーがよさを認識して他人にも勧めてくれるかどうかが重要です。さらに、初期のユーザーの習熟が新しい製品の性能を向上させ、それが新たなユーザーを増やします。パソコンのユーザーがパソコンの性能を引き出せるようになれば、オフィスへの導入も加速します。

　航空機産業の場合、ユーザーがイノベーションを実際に起こすことは稀です。自動車メーカーのフォード社は航空郵便に参入したとき、満足のできる航空機がなかったので航空機メーカーを買収し自ら製造に乗り出しますが、結局は退出しています。しかし、直接の担い手ではありませんが、ユーザーはイノベーションに貢献しています。

　政府（軍）は明らかに軍用機のユーザーで、軍の要望が技術進歩に大きな影響を与えています。軍の方針で大型爆撃機、のちにミサイルが発展しました。旅客機では航空会社の要望、また買い取りの約束が新型機の開発につながります。Part 1 で述べましたが TWA 航空が DC1 の生みの親ですし、アメリカン航空の要望が DC2 や DC3 につながりました。ボーイング社の B737 は社内には開発に慎重論もあったのですが、西ドイツ（当時）のルフトハンザ航空がヨーロッパ大陸での短距離用の旅客機を強く求めたので開発されました。なによりもパンナム航空のトリップ社長がメーカー

を説得したことが、B707 と DC8、さらには B747 の開発を促しました。ジョンソン（Lyndon Johnson）政権はインフレーションが進行しているので、民間の大型投資は抑制したく、マクナマラ国防長官も B747 は C5A から派生させればよいと考えていました。しかし、トリップが軍用大型輸送機と民間大型旅客機は別物で、前者から後者を派生させるのは無理があると説得しました。さらに、B747 はアメリカの技術力の結晶であり、貿易収支にも貢献できると述べ、政権から開発の支持（お金は出ませんでしたが）を取り付けました。

　有力航空会社は単に要望を出すだけでなく、自らエンジニアを持ち、メーカーのエンジニアと互角の議論ができ、ともに開発を進めていきました。技術担当副社長は航空会社内でも権力者でした。B747 開発のときのパンナム社のボーカー（John Borger）とボーイング社のサッター（John Sutter）はともにエンジニアとしての力量を認め合ったパートナーでした。このような関係がなぜ可能だったかというと航空旅客業が規制産業で航空会社には余裕があったからです。本書は主に航空機メーカーのことをとりあげてきましたが、ここで少しだけ航空旅客業（航空会社）の規制と規制緩和について考えてみましょう。

　1926 年から航空郵便の定期便への規制が始まりましたが、1938 年に民間旅客業の広範な規制が行われるようになります。そこでは州をまたぐ路線の料金、参入、退出が規制されます。そのため、同じ距離でも州をまたぐ路線は州内路線よりも高くなりました。料金や路線新設が制限されたので、航空会社はサービスで競います。食事など機内サービスもそうですが、早くて快適なジェット機による直行便を増やします。収益に余裕がある航空会社はエンジニアを雇い、航空機メーカーと共同し、自分たちに合った仕様の航空機を内装だけでなく胴体の長さ、座席数を変えたりして実用化していったのです。

　ところが、1970 年代終わりになると、規制緩和の意見が強まります。その背景には、コンテスタブル市場という考えがありました。コンテスタブル市場とは、サンクコスト（Sunk Cost、埋没費用）がなく、退出、参

入が自由な市場です。サンクコストというのは、市場から退出する際に回収不可能になる投資額です。レストランを店じまいするとき、調理器具やテーブル・椅子は引き取り手がいれば、かなり回収できる投資です。店の名前を描いてしまった食器などはだれも買い取ってくれませんから、回収不可能でしょう。サンクコストがゼロならば、事業に失敗して退出するときに事業開始時に投資した金額がすべて返ってくるので、簡単に退出できます。簡単に退出できるのならば、気楽に参入できます。

参入が自由なコンテスタブル市場では、仮に1社しか存在せず、独占のように見えても、その企業が価格をつり上げれば、すぐに他社が参入してきて競争が始まり価格が下がってしまうので、初めから価格をつり上げません。したがって、政府が監視しなくても、企業は適正な価格と適正な利潤で操業するでしょう。

航空旅客業はコンテスタブル市場だと主張されました。なぜならば、線路、架線、駅舎を敷設している鉄道と異なり、航空会社は今日までシカゴ～セントルイス間を飛んでいた旅客機を明日からシカゴ～ミネアポリス間にまわすことが簡単にできるからです。したがって、運行している航空会社の数に関わらず、政府が規制しなくても料金は消費者にとって適正なのであり、規制緩和すべきだとされました。学者の意見は議会でも受け入れられ、市場重視・規制緩和路線の共和党と、料金引き下げによる消費者の便益重視の民主党の支持も集め、1978年に航空会社規制緩和法が制定され、1980年に参入退出規制、1983年に料金規制が廃止され、規制官庁だった民間航空評議会（CAB）は1985年に解散しました。

規制緩和後、航空会社は価格競争に巻き込まれ、航空機の選定もエンジニアよりはマーケティング・財務担当者の意見が強くなります。航空機メーカーと互角に渡り合えるエンジニアリング・スタッフも少なくなります。しかし、航空旅客業がコンテスタブル市場なのかというと必ずしもそうではありませんでした。まず、空港のゲート（搭乗口）の数が決まっていますから、簡単には参入できません。また、マイレージを貯めて割引をサービスする際も、路線の多い航空会社が有利ですので、市場を支配する

少数の大企業が利益を維持しやすくなります（この点は、航空会社がアライアンス［同盟］を結んで、そのグループに属している航空会社に乗ればマイルがたまるようにして中小航空会社も生き残りを図っています）。

　コスト削減を強く意識するようになった航空会社は空席率を気にします。もちろん、搭乗者数が増えれば重量が大きくなり燃料を使いますが、それでも空席というのは料金を払っていない空気を運ぶので、できるだけ避けなければなりません。それまでは直行便を多く出すことをサービスの提供としていた航空会社は路線をリストラし、「ハブ・アンド・スポーク」という路線網にします。ハブというのは車軸のことで、スポークは車輪に伸びる支柱のことですが、これまで図8にあるように、A、B、C、D、Eそれぞれの間に直行便があったのを、すべてハブ空港であるCで乗り換えて目的地に行ってもらうようにしたのです。ハブ空港への便数は増やしますが、どの町に行きたい乗客もハブ空港を経由することで、できるだけ満席に近い状態で飛ばすことを目指します。この「ハブ・アンド・スポーク」はコンテスタブル市場論が想定していないものでした。

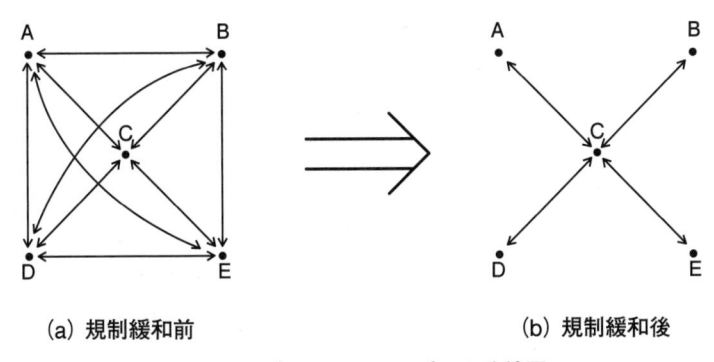

(a) 規制緩和前　　　　　　　　(b) 規制緩和後

図8　ハブ・アンド・スポーク路線図

出所　筆者作成

　この結果、各航空会社は独自に特定の空港をハブ空港に選びますから、ハブ空港ではその航空会社ばかりになり、独占に近くなり料金が下がりに

くくなります。§13でも説明しますが、「市場シェア」と簡単に呼びますが、市場の定義は簡単ではありません。製品別に考えなければなりませんし、地理的にも考慮しなければなりません。全国市場ではシェアは低くても、実際に消費者が直面する市場ではシェアが高いのならば意味がありません。たとえばあるラーメン・チェーン店が全国市場ではシェアの高い企業ではなくても、ある町ではそのラーメン・チェーン店ばかりならば、遠くの町までラーメンを食べに行くことはないので、消費者は独占企業がつける高い価格に直面することになります。

　このように、航空旅客市場はコンテスタブルではなかったのですが、シェアを獲得した大手企業が大きな利益を享受して安泰だったかというとそうでもありません。価格競争は激しくなり、燃料の値上がりや2001年の同時多発テロによる運航停止などもありましたので、苦境が続きました。その結果、1985年の有償旅客距離（旅客数と距離の積）でアメリカでの上位8社は、上からアメリカン、ユナイテッド、イースタン、TWA、デルタ、パンナム、ノースウェスト、コンチネンタルでしたが、このうち、1991年にはパンナムとイースタンが破綻しました。合併再編も進み、2001年にTWAが破綻しアメリカン航空に吸収されました。2002年にはUSエアとユナイテッド航空が連邦破産法第11条（再生型）を申請し、前者は2003年に後者は2007年に再建され、2005年にはデルタ航空とノースウエスト航空が同法を申請し、両者とも2007年に再建されますが、2008年にノースウェスト航空はデルタ航空に統合されました。2010年にユナイテッド航空とコンチネンタル航空が合併し1位となります。2013年には経営再建中（破産法適用中）の3位のアメリカン航空が5位のUSエアと合併することを発表しました。司法省は差し止め訴訟を起こしていますが、合併が実現すれば一気に1位になります。結局、アメリカン航空、ユナイテッド航空、デルタ航空の3グループに集約され、新興のサウスウエスト航空との4社で寡占を形成しています。

　サウスウエスト航空は大手のカバーしていない直行便路線を狙ったり、大都市にあるメインでない、小さい空港（日本でいえば関西国際空港でな

く神戸空港）を使ったりしてシェアを伸ばしています。また、限定された機種しか使わないことで、メンテナンスや操縦訓練のコストを節約しています。さらに最近では、座席間隔を狭くしてできるだけ多くの乗客を乗せ、荷物預かりや機内サービスも最小限にする（希望する乗客からは料金を取る）ことで、低価格を売り物にするローコストキャリアー（LCC）も参入してきます。

航空会社が淘汰され数が減ることは、買手の立場が強くなりますので、航空機メーカーにとっては不利です。航空機メーカーが淘汰される一方で、航空会社も数が減り、§11で述べる買手独占・売手独占となり市場での競争とは別の要素が入り込みやすくなっています。

ただ、最近ではボーイング社がB777の開発で再び、外国を含めた航空会社（ユーザー）との協力を重視して開発を行いました。B777では「ワーキング・トゥギャザー」としてユナイテッド航空、英国航空、日本航空、ANAに基本設計の段階から意見を出してもらい航空会社の要望に沿った機体を開発しました。

最後にもう1つだけ航空会社との関係で述べておきたいのが、専売制です。これはボーイング社がマクダネル・ダグラス社を合併するときにヨーロッパ連合が問題にしたことです。ボーイング社はアメリカン航空、コンチネンタル航空、デルタ航空から20年間、ボーイング製の航空機のみを購入する契約を結んでいました。ヨーロッパ連合は合併によってボーイング社がこれ以上強力になることを恐れ、合併を認める条件として専売制をやめることを求めました。専売制は市場支配力を持った売手が押し付けたりすれば問題ですが、一概に問題のある行為ともいえません。

ボーイング社の場合も、他の航空機メーカーが航空会社と契約できなくなるという参入障壁を築く恐れがありますが、この契約でカバーされる航空機の注文は全航空会社の新規航空機の受注の11％程度とそれほど大きくなく、特定の航空機の整備・訓練に特化することによってコストが削減され、その結果、消費者が負担する航空運賃も安くなるというメリットも考えられます。また、専売的契約もボーイング社が押し付けたのでなく、

価格や納期で優遇してくれることを条件に航空会社が持ちん込んだものでもありました。それほど問題があったわけではありませんが、ボーイング側が譲歩して契約を停止しました。

11　売手独占・買手独占

　航空機産業はメーカー側が淘汰され、少数の大企業のみになります。一方、航空機を購入するのは、政府（陸軍、海軍、空軍、海兵隊、NASA）と民間航空会社であまり数は多くありません。前のセクションで述べたように航空会社の淘汰・統合が進み、数が減っています。海外にも輸出しますが、多くの国で主力航空会社は1社か2社なので、これも数が少ないです。少数の企業が市場を支配することを寡占といいますが、航空機産業は売手も買手も寡占なのです。

　極端な場合、売手も買手も独占となりえます。売手独占は、少なく作って高く売ろうとします。一方、買手独占は少なく買って安く支払おうとします。売手独占対買手独占の場合には、交渉の結果、価格は売手のつける高い価格と、買手独占がつける低い価格の中間となり、一方のみが独占でいるよりは対抗力があった場合のほうが、「痛み分け」になるといえます。

　買手が少ない場合、注文を得るか否かが売手にとってきわめて重要です。もちろん、買手が多数いても、大ヒット商品ならば、勝ち組と負け組で大きな違いになりますので、売り込み、マーケティング活動は大切です。しかし、航空機メーカーにとって、空軍からの受注をとれるか否か、航空会社から買ってもらえるか否かは死活問題です。

　軍の入札は基本的には候補の機体の性能・技術を厳正に審査して決定されていますが、政治的思惑と陳情の影響も否定できないようです。Part 1

で紹介したC5Aと並んで疑惑が持たれたのがF111です。1962年に、ジェネラル・ダイナミックス社がグラマン社と組んだチームが、ボーイング社に勝ってF111を受注しました。F111は空軍と海軍両方で採用される予定でしたが、制服組（とくに空軍）がボーイング案を推したのに、国防省が逆転したので疑惑がとりざたされました。ジェネラル・ダイナミックス社での生産はテキサス州ダラス・フォートワース地区で行われる予定で、ジョンソン（Lyndon Johnson）副大統領、下院の大物ライト（Jim Wright）議員、コース（Fred Korth）海軍長官、防衛予算小委員会のマーホン（John Mahon）委員長はテキサスが地元でした。また、経営危機に陥っていたコンベア社への救済（吸収合併）をノースロップ社は断ったのにジェネラルダイナミック社は引き受けたことへの国防省の見返り、超音速爆撃機B58ハスラーが予定より少ない発注で終了してしまったことへの穴埋め、ともささやかれました。一方、ボーイング案ではカンザス州で生産される予定でしたが、ここは共和党の牙城で少々、恩恵を与えても1964年の大統領選挙には効果がなさそうでした。ボーイング社の地元ワシントン州のジャクソン（Henry Jackson）上院議員が求めてマックレラン（John McClellan）上院議員を長とする調査委員会が作られ公聴会まで開かれましたが、政治的理由による決定という証拠は出てきませんでした。国防省の見解では超音速機や艦載機での実績がないボーイング社の案は技術的に不安があったということでした。

　ただ、このような決定は自制されているともいわれます。基地の閉鎖では政治的理由（国防省予算に批判的な議員の地元の基地が閉鎖される）が働くことがありますが、軍用機の選定は技術的な基準で決められます。大陸間弾道弾で狙われる時代に、基地の場所はアメリカ国内のどこにあっても実はあまり戦略的に影響がないので、基地の存続には政治的要素が入り込みやすいのですが、軍用機の開発は国家安全保障にとって重要ですから、議員も政治的判断をなるべく持ち込まないようにしています。議員の投票行動は軍備増強に熱心なタカ派か否かで決まり、地元への恩恵や政治献金は大きな影響がないといわれています。

1960年代に、ボーイング社は旅客機で好調なので「支援は要らないだろう」と、政府からの契約を受注しにくくなっていると判断しました。実績のあがらない政府相手の入札に嫌気がさした同社は民間機への傾斜を強めたといわれます。そのボーイング社もマクダネル・ダグラス社を買収後、軍用機部門を強化すると、売り込みにも熱心になり、政府との癒着が問題になります。2004年にマケイン（John McCain III）議員が追及したところ、空軍の調達部門のNo. 2のドリュユン（Darlean Druyun）は自分の再就職と、娘と娘婿をボーイング社へ就職させるため、ボーイング社の給油機を高く購入したり、エアバス社にまわりそうな契約をボーイング社にまわすなど、便宜を図っていたことが明らかになり、9カ月の懲役刑となりました。ドリュユンを採用しようとしたボーイング社の幹部（Mike Sears）はマクダネル・ダグラス社出身で社長候補だったのですが、2003年11月に解雇され、その後、懲役4カ月と罰金25万ドルの有罪となりました。ロケットの契約の入札をとるため、ボーイング社はロッキード・マーチン社の設計関連文書を盗み、空軍の契約10億ドル分が取り消しとなりました。マケイン議員は2004年の大統領選挙に出馬して敗れますが、祖父（John Sydney McCain）は太平洋戦争中の海軍司令官で贔屓目なしにグラマンの海軍機を高く評価した人物です。

　そのグラマン社は創始者（Leroy Grumman）が海軍出身で海軍とのパイプも太かったので、売り込みをしない社風でしたが、1960年代末に多角化して企業向けビジネス機に参入すると、その工場をジョージア州に作ります。同州は下院の軍事委員会のメンバーであるハンガー（Elliot Hanger）、上院の軍事委員会委員長のラッセル（Russell）の地元でした。

　ロッキード社は軍用機でも民間機でも海外売り込みに熱心でした。ロッキード社製F104は1958年に空軍に就役しましたが、航続距離が短く、電子機器スペースが小さいので、空軍での採用は伸び悩みました。日本やヨーロッパの同盟国にはライセンス生産も含めてよく採用されましたが、1970年代になって売り込みに不正があったことが明らかになりました。ロッキード社は民間機でも海外の航空会社への売り込みに熱心で、その影

で不正が行われていました。不正な旅客機売り込みは日本も舞台となり「ロッキード事件」という疑獄事件に発展します（Column 3 参照）。

　しかし、他社も同様の不正を行っていたことが明らかになりました。マクダネル・ダグラス社は上院の公聴会で1970年から1975年に250万ドルをコンサルタント料・手数料として海外代理店に払っていたことを認めます。さらに、証券取引委員会の調査では、違法な海外への支払いは2175万ドルにのぼることが明らかになり、幹部が告訴されます。同社は罪状の認否はせず和解に応じました。ボーイング社は証券取引委員会の調査に対して、罪状は認否しませんでしたが、9億4300万ドルの海外への売り上げのために5400万ドルをコンサルタント料・手数料として支払っていたことを認めました。さらに司法省が調査を引き継ぎ、1982年に疑わしい738万ドルの海外への支払いを隠ぺいしていたとして告訴します。ボーイング社はこの件では罪を認めました。

　Part 1 で述べましたように戦前の海外売り込みには不正がつきものでしたが、戦後も変わっていませんでした。1977年には海外腐敗行為法が成立し、アメリカ企業の海外での贈賄行為がようやく禁止されました。ただ、1970年代末から80年代にかけて、アメリカの航空機メーカーが海外売り込み活動を自制せざるを得なくなっていた時期にヨーロッパのエアバス社はフランス・ドイツ政府が自ら先頭に立ち売りこみを行っていましたので、アメリカ側は劣勢に立ちます。

12　産業政策の是非

　国の中でどの産業が「盛ん」かというのを、産業構造といいます。紛らわしいですが、ある産業の中でどの企業のシェアが大きいかを市場構造と

呼びます。「盛ん」というのは、当該産業の全産業に対する従事者でのシェアをみたり、付加価値(売り上げから原材料の価値を引いたもの)でのシェアでみます。

　産業構造は経済発展とともに自然に変化します。まず、技術進歩に成功した産業は質の高い製品を安く供給できるので、国際競争の中で生き残り、盛んになります。また、需要の所得弾力性が高い財・サービスを生産する産業は盛んになります。所得が1％増えたら需要が1％よりも大きく伸びる産業のことです。一般に経済発展とともに、産業構造は第1次産業(農林水産業)中心から第2次産業(鉱工業)となり、さらに第3次産業(サービス業)にシフトすることが経験則(「クラークの法則」と呼ばれます)として知られています。これは、所得が2倍になっても、食べる量は2倍になりませんが、家電や自動車の需要は大きく伸びるからです。さらに所得が大きくなれば、もうモノは満ち足りていますので、サービスを消費するようになります。エステに行ったり、レストランに行ったり、お稽古ごとをしたり、サービスの消費にお金をかけます。サービスは消費する時間の制約はありますが、気に入れば何回でも購入することになりますから、所得が増える率以上にサービスへの支出が増えサービス産業が盛んになります。

　産業構造はこのように自然に変わっていくのですが、産業政策とは人為的に産業構造を変えるものです。まだ農林水産業が中心であるべき段階なのに、自動車工業を振興したり、逆に鉄鋼業が衰退し始めてもそれを阻止することです。ただ、産業構造を変化させるには、特定の産業を選んで振興するなり、衰退を食い止めなければなりません。どの産業も振興するのでは産業構造は変わらないので産業政策とはいえません。政府が重要と思う産業を選択して重点的に支援するのが産業政策です。

　産業政策を正当化するためには、市場では充分に特定の産業が振興できないという「市場の失敗」の存在がしばしば主張されます。たとえば、ある金属メーカーが大変優れた合金の開発に成功したとしましょう。もちろん、その合金はよく売れてその金属メーカーはもうかります。しかし、そ

れを使って性能のよい旅客機を作れるようになった航空機メーカー、それを買った航空会社、それに乗った乗客も利益を得ます。それらの利益を金属メーカーは完全には回収できません。専門的にいうと、それぞれのユーザー・消費者が払ってもよいと思う上限価格を交渉を通して支払わせることが難しいからです。したがって、社会全体にもたらされる利益は、金属メーカーへの利益よりも大きくなり、合金開発の投資の社会的な収益率は私的な収益率よりも高くなります。市場メカニズムのもと、企業は私的収益率に基づいて投資の意思決定を行いますので、市場に任せておくと、社会的にきわめて有益な合金の研究開発投資が過小になったり、場合によっては行われないことにもなりかねません。

　いま1つの正当化の理由が§5で述べた公共財的性質です。(事実かどうかの議論は置きますが)、大容量のインターネット通信網は公共財的要素が強いので、民間企業ではなく、国が行うべき、もしくは、国が民間企業を補助すべきという議論です。航空宇宙産業でいえば通信インフラ整備としての通信衛星の打ち上げを民間だけに任せず、国が支援を行うということがこれにあたります。

　これらは「市場の失敗」を矯正するための産業支援を正当化していますが、より一層、積極的な提言が戦略的通商政策理論によるものです。この理論は、§6で述べた規模の経済性、習熟効果を持ち、生産量の多い企業がコストを下げ有利になる「収穫逓増」産業と、世界市場が少数の企業によって支配される国際的寡占とを前提にしています。

　政府の補助金で生産を増やした企業はコストが下がり優位に立ち、その企業が世界市場でのシェアを増やし、ライバル企業はシェアを減らします。生産を増やした企業はコストが下がるので、ますます有利になりシェアを増やしますが、シェアを減らしたライバル企業は生産量が減りコストが上がり、ますますシェアを減らします。こうして、政府が補助金を出した国の企業は栄え、それを怠った国の企業は衰退します。

　戦略的通商政策理論は、半導体や航空機が対象となるとしています。ヨーロッパのエアバス社支援は成功例とみなされました。アメリカ政府

は、エアバス社が政府からの補助金を受けているのは不公正な競争だと批判していますが、エアバス社側もアメリカの航空機メーカーは軍用機の研究開発と受注を政府から受けて、それが民間機の競争力にもつながっているので、政府補助金を受けているのと同じだと反論します。1992年、米欧間で合意に至り、政府補助金は研究開発段階では30％まで、生産段階では禁止となりました。1993年発足のクリントン政権は、国際競争力を重視していましたので、ヨーロッパ政府のエアバス社支援の批判を行いたかったのですが、ボーイング社にとってのヨーロッパ市場は、エアバス社にとってのアメリカ市場よりも重要でしたので、ボーイング社はヨーロッパとの対立を望みませんでした。しかし、政府補助金はその後もたびたび両者の間で問題になりました。その一方、エアバス社は部品の4割をアメリカ企業から購入し、ボーイング社も最新鋭のB787では70％が海外調達となり、企業の国籍と国益とはあいまいになってきています。

たしかに、Part 1やPart 2 §5で紹介しましたようにNACAを通してアメリカ政府は航空機メーカーを支援していました。NACAは軍用機にも民間機にも使える技術を開発し、データを整備していました。NACAを引き継いだNASAも民間機にも役立つ技術を今日でも開発しています。主翼の先には翼端渦と呼ばれる渦ができ、これは揚力を減らし失速を招く恐れがあるとともに、誘導抵抗を発生させ燃費も悪くします。翼端渦を防ぐため主翼の先を上に少し曲げるウィングレットにはNASAの研究が貢献しています。

1950年代にジェット機の主翼を接合するのは強度の面で問題がありましたので、空軍の資金でマサチューセッツ工科大学の研究所が金属塊から直接、希望の形状の主翼を削り取る工作機械を開発しました。さらに、空軍は大規模なプレス成型技術が民間企業に普及することにも支援しました。これらの技術は当然、軍用機だけでなく民間機にも有益なものでした。

ただ、軍用機と旅客機は次第にそれぞれが特化するとともに、1つの企業が両方の開発・生産することは稀になります。グラマン社、ノースロップ社、ノースアメリカン社は軍用機のみ製造してきました。ロッキード社

は長らく軍用機のみでしたが、久々に参入した旅客機でトライスターが失敗して撤退しました。ダグラス社はもともと軍用機も作っていましたが、戦後、旅客機で強くなっていました。軍用機専門だったマクダネル社と合併し、補完的になりましたが、旅客機ではうまくいかなくなり、ボーイング社に買収されました。ボーイング社は戦前の戦闘機、戦中・戦後直後の爆撃機のあとは軍用機よりは旅客機でした。マクダネル・ダグラス社を買収することで軍用機部門を再び充実させたわけで、旅客機と軍用機の両者を製造しているのはボーイング社だけです。同社では最近でも部分的ですが軍事部門からの技術移転が活かされています。B777にはF15やF16のためにハネウェルの子会社が開発したデジタル航法技術が採用されています。ステルス爆撃機B2はノースロップが主契約者でしたが、ボーイングも下請けとして参加しており、その新素材技術もB777に活かされました。しかし、一般に軍の支援がアメリカの民間旅客機に活かされることは1960年代以降は限定的です。

　アメリカ政府は超音速旅客機では開発補助金を出しましたが、結局、完成させることはありませんでした。民間航空機への産業政策はきわめて間接的なものだったといえましょう。ただ、危機に陥ったロッキード社は公的資金で救済しています。航空機製造業への産業政策がまったくなかったわけでもありませんが、ヨーロッパのエアバス社は国営企業が母体になっている国もあり、開発のための補助金や政府要人による売り込みとともに、A300が当初売れずに赤字になっても財政的に維持してくれるという、より直接的な公的支援を受けてきたといえます。

　少し難しくなりますが、戦略的通商政策は「クールノーモデル」という寡占理論をもとにしています。同じような製品で生産量を調整して競争します（製品差別化があり異なった価格づけを行うのとは異なります）。寡占理論にはさまざまなモデルがあり、現実に合ったモデルを使えばよいのですが、すべての産業に「クールノーモデル」が当てはまるわけではないので、戦略的通商政策理論の結論が常にどの産業にも通用するとは限らないのです。

また、現実問題として、国どうしが同じ産業に対する政府補助金合戦に陥ってしまいますと、補助金を出しても負けてしまえば無駄になります。特定産業への補助金は、福祉・教育・医療など他の予算に回せば得られた恩恵を犠牲にしているという意味での機会費用があり、正当化の判断は難しいものがあります。特定産業への補助金をやめたほうがよいと思っても、やめればその国の企業は補助金を行っている国の企業に負けてしまうのでやめられないという冷戦時代の米ソ軍拡競争と同じ状態に陥っている恐れがあります。国どうしで話し合って政府補助金を廃止する方向にいく必要があります。

　さらに、問題なのは産業構造を人為的に変える産業政策というのは、特定の産業を育成しなければ意味がありません。どの産業も振興していては産業構造は変わりません。産業政策ではどの産業が"Winners"で育成・振興の対象となり、場合によっては衰退を食い止めるのか、どの産業は残念ながら安楽死してもらう"Losers"か、という"Picking Winners and Losers"の選択を政治家・官僚が市場よりもうまくできるという前提があります。市場での選択とは、株式市場で有望と思われる産業・企業の株価が上がり資金が集まり、将来性のない産業・市場の株価が下がり資金が引き揚げられるということです。§3で述べましたように、株式市場は短期志向のところもあり完璧ではありませんが、それでも将来性を加味して投資は行われています。さらに、どの産業が生き残るかは、財・サービスの市場での競争を経て決まっていきます。売れるものを作る企業が栄え、それを擁する産業が盛んになっていくのです。

　複雑な先進国経済において、どんなに優秀な政治家や官僚でも「全知全能の神」ではないわけですから、市場よりも的確に"Picking Winners and Losers"ができるとは考えにくいものがあります。資本市場、財・サービス市場での競争というのは、多くの一般市民が、失敗すれば自分の懐が痛む（投資先が不振ならば損をする。売れない商品を作ったら損をする。役に立たない製品を買ったら損をする）という条件のもとで行動した結果です。市民1人1人はそれほど優秀でなくても、ベクトルの向きとしては

少数のエリートの判断よりも間違いの可能性が少ないと考えられます。

戦略的通商政策理論を純粋に適用するのならば、対象となる産業はクールノー競争、収穫逓増、国際的寡占市場という条件を満たしているかをみればよいので、多少、絞り込めます。ただ、それでも条件を満たす産業の中で、他国との補助金合戦に勝ち残る可能性が大きいのはどれか、さらに、その経済効果は同じ政府資金を他の政策にまわしたときと比べてどうなのかは予測が難しいです。

上記は政治家や官僚が一生懸命、国のために政策立案してもうまくいくとは限らないということでしたが、もう1つの問題は彼らは国益や国民の利益のために政策立案するとは限らないということです。彼らは自分たちの利益のために行動します。政治家ならば次の選挙での当選、官僚ならば出世（在任中に担当部署でトラブルが発生しないこと）です。したがって、政治家にとって自分の選挙区にある産業が"Winner"になってほしいですし、官僚は自分の部局が担当する産業を選びたいのです。

このように考えると産業政策は戦略的通商政策理論という多少エレガントな理論武装をしたとしても、実行するのは慎重であるべきです。実際、アメリカでは経済学者の多くが否定的で、議会でも政府の介入を嫌う共和党は批判的です。これに対して民主党は労働組合の支援があるので、製造業、とくに研究開発が重要なハイテク産業は政府が振興すべきと考えます。

一方で、1970年代のロッキード社、最近のGM社のように、大きな企業は倒産すれば雇用や地域経済に深刻な影響を及ぼすので、"Too Big To Fail"（大きすぎてつぶせない）といわれます。トラブルになってから救済するとかえって政府の負担が大きいので、日頃から政府が支援をしておくべきだという主張もなされています。

13　企業連携・水平合併

　売手・買手の間の垂直合併に対して、同業者同士の合併を水平合併といいます。水平合併では、シェアの高い企業同士が合併されれば、合併後の企業は大きなシェアを支配し、価格をつり上げる力を持つことになります。さらに、巨大な企業が突然誕生すると、他の企業にあきらめムードが漂い競争が激しくなくなります。また、少数の企業が支配する寡占市場では、カルテルも結びやすくなります。カルテルというのは、企業同士が共謀して、価格をつり上げたり、生産を抑制することです。アメリカの反トラスト法（日本では独占禁止法）では違法行為です。違法行為をこっそりと行うためには、共犯者は少ないほうがよいので、少数の企業が市場を支配している寡占ではカルテルが行いやすくなります。

　一方、合併すれば規模の経済性が活かせます。資本力も増強され経営が安定します。また、従業員が2倍になっても、本社スタッフは2倍にしなくてよいので、本社のリストラができ、コストが削減されます。

　このようにプラス面とマイナス面があるので、差し引きして社会にとってプラス面が多ければ合併は認められ、マイナス面が多ければ認められません。ただ、「社会」の定義には議論の余地があり、経済学者は生産者と消費者の利益の合計としますが、法律家は反トラスト法の立法の趣旨から考えて消費者の利益とみなす傾向があります。合併した企業はシェアが大きくなり、価格をつり上げるのですが、同時にコストも削減しています。その場合、消費者は損して、企業が得をします。差し引きがプラスならば、経済学的には合併は認めてよいとなります。法律家は、コスト削減が非常に大きく、独占的な企業がコストよりも高い価格をつけたとしても、合併前よりも価格が下がる、すなわち消費者の利益も増加しているときのみ、合併は認めるべきだとしています。現在のアメリカ司法省のガイドラ

インは法律家の立場に近く、合併企業の側が効率性の向上を主張する(「効率性の抗弁」)ためには消費者の支払う価格が上昇していないことを求めています。

現在のアメリカの司法省の合併のガイドラインは表2のとおりです。各枠の「白」は「問題なし」、「灰色」は「やや問題あり」、「黒」は「かなり問題がある」という意味です。Hはハーフィンダール指数と呼ばれ、各企業のシェアの2乗の合計です。たとえば、5社が市場を完全に支配している寡占で、それぞれの企業のシェアが30％、25％、20％、15％、10％ならば、ハーフィンダール指数は、$30^2+25^2+20^2+15^2+10^2=900+625+400+225+100=2250$です。⊿Hとは合併によっていくらハーフィンダール指数が増えたかということです。表2ではHの増加と合併後のHをみます。一般に、合併後のHが低ければ、増加分が大きな合併も問題ないのですが、合併後のHが高くなるのでしたら、増加分は低くてもだめということです。もし、この例で、シェアが20％の3位の企業とシェアが15％の4位の企業とが合併すると、シェアは35％となり一気に1位となります。合併後のHは$35^2+30^2+25^2+10^2=1225+900+625+100=2850$となり、⊿Hは600です。ガイドラインでは黒色と判定されます。ただ、「黒」といっても「禁止」というわけでなく、司法省が詳細に調査するということです。この調査の仕方は政権の方針によって異なります。

表2 水平合併のガイドライン

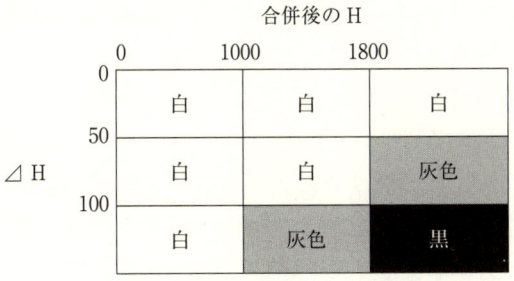

合併後のH

⊿H	0〜1000	1000〜1800	1800〜
0〜50	白	白	白
50〜100	白	白	灰色
100〜	白	灰色	黒

出所 US Federal Trade Commission

一般に民主党は厳格な反トラスト法施行を主張するハーバード学派の影響を受け、合併に慎重です。共和党は反トラスト法規制の緩和を主張するシカゴ学派の影響が強く、合併に寛容です。時代的にも、反トラスト政策が始まった1890年代から1920年代までは緩い執行で、1930年代半ばのニューディール政策から1970年代末まで厳しい執行で、1980年代に共和党政権によってシカゴ学派の意見が大幅に取り入れられ急激に緩和されました。その後の振幅は小さいですが、クリントン政権で強化、ブッシュ（George W. Bush）政権で緩和、オバマ（Barack Obama）政権では多少強化されました。

　Part 1でもみましたように、航空機メーカーは合併再編を繰り返しています。とくに1990年代以降の少数の企業間で統合が進み企業数がさらに減っています。合併の審査で大切なのが、「市場」の定義です。同じ航空機メーカーといっても作っているものが異なれば、市場が異なるので、合併の影響は小さくなります。航空機メーカーといってもどんなものを作っているか、その分野で競合しているかどうかを考慮する必要があります。

　1994年のロッキード社とマーチン・マリエッタ社の合併は司法省が調査しましたが、許可しました。ロッキード社は航空宇宙産業が主で旅客機からは撤退していましたがステルス機で軍用機に再参入していました。マーチン・マリエッタ社は航空機は作っていませんでした。ただ、マーチン・マリエッタ社は飛行制御システムを航空機メーカーに販売していて顧客の航空機メーカーの情報を持っていました。それを航空機メーカーであるロッキード社には流さないことが規定されました。また、両社とも人工衛星打ち上げロケットを製作し、ロッキード社は人工衛星も作っていました。ロッキード社のロケットの顧客である人工衛星メーカーは、自社の情報がロッキード社に流れるのはある程度覚悟していたかもしれませんが、マーチン・マリエッタ社の顧客である人工衛星メーカーは自社の情報がロッキード社の人工衛星部門に流れるのを嫌がりましたので、ここでも合併後に打ち上げロケット事業部と人工衛星事業部との間の情報共有が制限されました。

1997年にボーイング社はロックウェル社を買収しましたが、このときもロケット製造部門とロケットエンジン製造部門の情報共有が制限されました。ロケットエンジンメーカーはさまざまなロケットメーカーの情報を持っていますから、合併後、ボーイング社のロケット製造部門が旧ロックウェル社のロケットエンジン製造部門から競合他社の情報を得ることがないように求められたのです。このような社内の情報の流れの阻止は「防火壁（Firewall）を築く」といわれます。これは、合併する企業間の知識の補完性がイノベーションを生み出すシナジー効果を減少させますが、競争相手を不当に不利にしないという点では必要な場合もあります。

　ボーイング社によるマクダネル・ダグラス社の吸収合併は1996年末に調印されたものを、1997年7月1日にアメリカ連邦取引委員会が許可し、さらに7月末に欧州委員会も認めました。なぜ、アメリカの企業同士の合併をヨーロッパが認可を審査したかといえば、アメリカの航空機の価格がヨーロッパの航空会社や乗客に影響を与えると考えたためです。アメリカ政府・議会はヨーロッパが反対を続ければ何らかの報復もありうると強硬姿勢でした。

　マクダネル・ダグラス社は劣勢ながら旅客機を作っていましたので、この合併によってアメリカの旅客機メーカーは1社になっています。一般的には、アメリカ政府はヨーロッパのエアバス社との世界市場での競争があるので、競争力をつけるために認めた、と解釈されますが、司法省の公式な意見によれば、アメリカメーカーの国際競争力（§12の戦略的通商政策理論）の観点からは合併を考慮しない、アメリカの消費者の利益のみを考慮するということです。ヨーロッパも建前では合併のエアバス社への競争力の影響よりも、航空会社、乗客への影響を重視して判断したとしています。

　アメリカ司法省の判断では、マクダネル・ダグラス社はすでに旅客機で競争力を失っていたので、吸収合併されても旅客機市場の競争が減殺し、旅客機の価格が上昇し、それによって、航空運賃が上昇することはなく、また、ボーイング社とマクダネル・ダクラス社は軍用機部門ではほとんど

競合していませんでしたので、合併が競争を減殺しない、と考えられました。さらに、マクダネル・ダグラス社が旅客機から撤退してしまえば、旅客機をこれ以上売り込む必要がないので、すでに同社の旅客機を購入した航空会社に対して補修部品を高く売りつけるなどメンテナンスサービスを悪化させる恐れがありましたが、ボーイング社が買収すればボーイング社はこれからも旅客機を売り込みたいので航空会社へのマクダネル・ダグラス機のメンテナンスサービスも悪化させないと期待できました。もちろん、合併後にボーイング社が旧マクダネル・ダグラス機へのメンテナンスサービスと引き換えにボーイング社の旅客機の新規購入を迫る可能性もありましたが、すでにエアバス社は強力なライバルですから、そのような高飛車な商売はボーイング社もできそうにありませんでした。

　ところが、やはり同じ1997年、ロッキード・マーチン社によるノースロップ・グラマン社との合併は司法省が認めませんでした。軍用機メーカーのマクダネル・ダグラス社と旅客機メーカーのボーイング社という組み合わせと比較して、今回は軍用機市場での直接の競争相手同志の合併とみなされました。とくにステルス航空機の技術はロッキード社とノースロップ社が優位でしたら、合併すれば競争相手がいなくなります。早期哨戒システムや対潜音波探査技術も同様でした。また、両者は売手・買手の関係になっている技術もありましたから、合併が行われ新生ロッキード社が旧ノースロップ・グラマン社製の電子機器システムを社内での調達として優先すれば旧ノースロップ・グラマン社の競争相手が不当に不利になりますし、逆に新生ロッキード社が旧ノースロップ・グラマン社製の電子機器システムを高く売りつければ新生ロッキード社の競争相手が不当に不利になります。これらは長期的には国防省の軍事技術調達にも悪影響を及ぼすことが懸念されました。

　水平合併に至る前段階として、航空機メーカーはチームを組んで開発・生産を行うようにもなっていました。プロジェクトごとの提携は、合併に比べると期間・分野限定ですから、そのプロジェクトにとって最適なパートナーと組んで技術や知識の補完をすることができます。さらに、軍に対

して政治力・交渉力も増します。パートナーを組むことで、会社・工場の所在地が複数になれば、支持してくれる議員の数も増えます。

　単独企業6社で入札すれば勝つ可能性が6分の1ですが、3社ずつで2チームを組めば2分の1になります。軍用機の入札は1回勝てば20年以上、開発と生産が続きますから、勝つ確率を高めたいというのはチームを組む重要な理由の1つです。しかし、明らかに談合とみなされれば違法とされます。1992年に空軍からの1社しか選ばれない爆薬製造契約の入札の直前に、アライアント社とエアロジェット社が提携したチームとして入札して、前者が主契約者、後者が下請けとなって受注を分け合おうとしたケースは、司法省から入札競争を避けるための談合だとみなされ、政府との和解金として410万ドルの支払いが命じられました。

　ところが、一般に技術提携ではそのプロジェクトだけの連携で、その後は競争相手に戻るので、企業が互いに裏切りをするかもしれません。軍用機の場合、入札に勝っても生産で成功させないと利益がでないので、生産まで運命共同体として協力することが期待できるはずなのですが、自分の知識は出さずに相手の知識を盗むという「ただ乗り」をする可能性があります。Part 1でも述べましたが1980年代のF18ホーネットの共同開発ではマクダネル・ダグラス社とノースロップ社の関係が悪化し、裁判にまでなりました。互いが相手によって企業秘密の情報を盗まれたと主張しました。ノースロップ社はマクダネル・グラマン社が必要な情報を開示しなかったと批判しました。さらに、両社は完成後に相手を出し抜いて輸出でもうけようとしました。

　合併すれば運命共同体的性格が強くなりますが、合併しても、従前の工場が残っていて、工場ごとは元の企業文化を継承していますので、獲得した工場と本社との意思疎通がうまくいかず軋轢が生じることが起こりえます。第2次世界大戦中のカーチス・ライト社がそうでした。ジェネラル・ダイナミックス社もサンディエゴの本社と旧コンベア社のテキサス・フォートワースの工場との連携がうまくできませんでした。1967年にダグラス社がマクダネル社に買収された際も、前者は南カリフォルニアの旅

客機メーカー、後者はセントルイスの軍用機メーカーでした。マクダネル社は旅客機生産のビジネスを理解できず意思の疎通も欠けていました。1997年にボーイング社がマクダネル・ダグラス社を吸収合併した際には、マクダネル・ダグラス側から新会社はシアトルにあるボーイング社の旅客機部門が中心とみられないように、本社をわざわざシカゴに移しました。

　開発・生産での提携はプロジェクトごとなので、半永久的な統合である水平合併に比べれば、一般的に市場支配力を強めたり、競争を阻害することは少ないと考えられます。ところが、アメリカの反トラスト規制では、提携はカルテルの一種として厳しく規制される可能性がありました。

　反トラスト規制には2つの方法があります。1つは「当然違法」(per se illegal) と呼ばれるもので、その行為を見つけたら、正当化の理由を問わずに、即違法とすることです。もう1つが「合理の原則」(rule of reason) と呼ばれるもので、当該行為のプラス面とマイナス面を調査してから判断します。前述のように合併は「合理の原則」で判断されます。すべての行為を「合理の原則」で審査したほうがよいのですが、時間・カネの制約がありますので、価格カルテルのように正当化の理由に乏しいものは「当然違法」で判断されます。共同開発・生産も本来、新製品の開発で競争すべき企業が協力したということで、カルテルの一種とみなされる恐れがあります。アメリカでは企業が企業を訴える私訴が活発ですから、共同開発で新製品ができた後で、第3者から「共同開発というカルテルで作られた新製品のおかげで自分の製品が売れなくなり損害を受けた」と訴えられる可能性があります。その際に、カルテルとして「当然違法」で判断されてしまうと、多額の賠償金を支払わなければなりません。そこで、主にコンピュータ・半導体メーカーの陳情によって、1984年に企業間の共同研究開発、1993年には共同生産は、それぞれ価格カルテルとは異なり「合理の原則」で判断することが法律で定められました。

　軍用機の場合、軍が認めたプロジェクトでも、司法省は共同開発に対して反トラスト法違反だと異議を唱えることはできますが、ほとんど起こりませんでした。また、企業数が少なくなり、互いにパートナーを組んでい

ますから、企業が企業を訴えることも起こりませんでした。しかし、航空宇宙産業では、共同開発だけでは資金力不足を補いきれず、合併という形での再編が進みました。

14　産業集積

　特定の産業に属する企業が地域内に多く立地することを産業集積といいます。ブドウの房のような塊なので、クラスターとも呼びます（クラスター論を主張する人たちは地域内の連関を強調し、単なる集積地ではないと主張しますが、ここではこの議論には深入りしないでおきます）。偶然に特定の技術を持った人々が集まったり、天然資源が存在したり、気候が適していたりして、最初に特定業種の企業が集まると、次のようなメカニズムでその集積は強化されていきます。
　特定の業種、たとえば金属加工業で働きたいと思っている人は、とりあえず金属加工業の集積地に行きます。行けばどこかの企業で働けるかもしれないからです。給料の高い企業に移るにしても、集積地ならば同じ町の中で移籍しますから、引っ越さないですみます。その結果、金属加工業の集積地にはますます金属工職人が集まり、金属加工業の集積が進みます。一方、金属加工業で企業を設立したい人は、金属加工業の集積地で設立するでしょう。そこには、金属工職人がたくさんいるので、求人広告を出せば人を集められます。さらに、材料である金属を取り扱う商社や、金属加工で使う機械をメンテナンスしてくれる企業も集積しているという利便性があります。
　もちろん、同業者が多いということは労働者や注文の取り合いになるのですが、集積のメリットのほうが大きいと考えられます。たとえば、ガソ

リンスタンドが集まっている交差点がありますが、客を取り合うデメリットよりも、「あの交差点に行けばどれかのガソリンスタンドでガソリンを入れられる」と期待してドライバーが集まってくれるメリットのほうが大きいのです。

　もう1つ重要なのが知識の蓄積です。業界の知識は特許の対象にはならないノウハウで、企業秘密にしていてもどうしても噂として地域内で共有され、それは地域内のすべての企業にとって競争力の源となります。従業員が地域内で移籍すれば人に体化された知識は人とともに地域内に広まります。さらに、顔見知りになれば積極的に情報交換をするようになります。信頼する人には特許になっていない知識も教えてあげます。将来、自分が困ったときは教えてくれると予想できるからです。

　ところで、航空機産業における集積の最初のきっかけですが、地域ごとにさまざまです。20世紀初めに航空機メーカーはまず東部とくにニューヨークに設立されました。もともと機械工業が発展していましたから、部品メーカーや熟練工がいました。交通・物流も便利です。さらに、ニューヨーク州ロングアイランドは平野（Hempstead Plains）が滑走路として使いやすかったのです。中西部もまた機械工業が発達しているとともに平原が多くテスト飛行が行いやすいことで、航空機産業には適していました。とくにカンザス州ウィチタには、石油産業が活況なおかげで資金のある投資家がたくさんいました。しかし、第2次世界大戦後、中西部は自動車・家電・産業機械の生産が増加しますので、航空機生産は軽視されてしまいました。これに対して北東部のマサチューセッツ州やコネティカット州は繊維産業の衰退を相殺すべく、軍需による航空宇宙産業とくに軍需エレクトロニクス産業に活路を見出しました。

　南カリフォルニアは気候が温暖でテスト飛行がしやすく、土地が廉価で大きな工場が作りやすく、人件費も安く労働集約型の航空機生産に適していました。また、飛行艇は滑走路が整備されていなくても利用できて便利でしたが、海岸沿いに住む富裕層に売ることができる点も南カリフォルニアは有利でした。第2次世界大戦後の航空宇宙産業も実験が行いやすい、

天候がよく未開の地が多い南西部に集積します。当初はソ連からの攻撃を避けるため、なるべく沿岸部を避け内陸部にも基地を作り、その周辺に航空宇宙企業も施設を設立したのですが、ソ連からの攻撃はどこにいても避けられないとわかったので地理的分散はそれほど重視されなくなりました。それでも、結局、基地ができたところには航空機産業の集積が起こりました。軍に納品してもその後の改善には納品先とメーカーとの協力が必要ですので、メーカーとしては軍の施設の近くに立地します。ロサンゼルス近郊にはエドワーズ空軍基地ができ、コロラドスプリングスには空軍の基地があることは航空宇宙産業の集積を促進しました。

　晴天が多く、遊休地が多い地域は南西部諸州にいくつもあるのですが、南カリフォルニア（ロサンゼルス近郊）に航空機産業が集積したのは、先見性のある地域のリーダーの努力の成果でもあります。『ロサンゼルス・タイムズ』の出版者であったチャンドラーは1919年にスポーツ記者のヘンリーをクリーブランドのマーチン社に派遣したところ、彼がドナルド・ダグラスと知り合いになります。ロサンゼルスの産業発展を推進したかったチャンドラーはダグラス社がロサンゼルスで起業するとスポンサーとなりますし、今日のロサンゼルス国際空港の建設にも尽力しています。

　1925年、ダグラスが航空力学の研究が活発でないことを嘆き、カリフォルニア工科大学（カルテク）のミリカン（Robert Millikan）学長に改善を求めます。ミリカンは1926年にアメリカ最初のノーベル賞受賞者となった物理学者でしたが、ダグラスに説得され大学の航空工学の支援をしていたグッゲンハイム財団からの寄付金を獲得しました。この寄付はカルテク以外にも5大学が受けたのですが、ミリカンはさらにグッゲンハイム（Harry Guggenheim）自身を説得してカルテクに航空力学研究所を作ってもらい、1926年末にはドイツからカーマン（Theodore von Kármán）を招きました。この研究所の中のロケットエンジン研究プロジェクトが独立してのちに国立のジェット推進研究所となりますが、現在はNASAからカルテクが運営を委託されています。産学連携の核として、スタンフォード大学がシリコンバレーで果たした役割をカルテクがロサンゼルス

で果たします。

　しかし、カルテクは例外的で、一般的に大学の役割は航空宇宙産業への地域貢献では限定的です。もともと大学の研究は基礎研究が主で開発は重視されていないので、航空機産業に直接貢献できるものは少なかったです。中西部には優秀な工学部を持つ州立大学がありましたが、航空機産業への貢献は大きくなく、育成された人材も地域外に流れてしまいました。ただ、ダグラス社は近隣にカルテクがあったのでついに自社の風洞を作りませんでした。シアトルに孤立していたボーイング社が1944年に自社で風洞を作っていたのとは対照的でした。外部からの知識を得るのは集積のメリットですが自社内での知識の集積も重要で、過度なカルテクへの依存はダグラス社衰退の一因だったかもしれません。

　政府の要望も立地に影響を与えます。マーチン社はライト社と合併したのち、ふたたび独立したときはクリーブランドで操業したのですが、海軍から納機に面倒なので、東海岸で操業するよう求められ、飛行場を整備してくれたボルティモアに移ります。マクダネル社は1939年にセントルイスで設立されました。この町はリンドバーグの大西洋横断機が「セントルイス魂号」と呼ばれたように、航空機産業へのスポンサーも多かったためですが、1939年ですから、政府が航空機メーカーをドイツや日本から攻撃される可能性がある大西洋・太平洋岸を避けて内陸部に求めたので、選ばれたのでした。

　企業側も政治支援を得たいために立地することがあります。Part 1で述べたようにロッキード社はC5Aのための工場を上院軍事委員会委員長の地元であるジョージア州に設立します。ボーイング社はB747のための新工場をカリフォルニア州に作ろうとしますが、それは同州から選出される多くの政治家（上院議員は各州2人ずつですが、下院議員は人口に比例します）の政治力に期待したものでした。結局、シアトルの北のエバレットに決まるのですが、そこは同州の2人の民主党上院議員ジャクソン（Henry Jackson）とマヌグソン（Warren Magnuson）の地元でした。

　ボーイング社はシアトルに孤立しているユニークな存在です。もともと

は創業者ウィリアム・ボーイングは木材ビジネスのためシアトルにきました。航空機に参入すると、当時の航空機は木材と布でできていましたから、シアトルの木材はプラスでしたし、シアトルは海と湖がある水辺の町でしたから飛行艇・水上飛行機の開発に適していました。皮肉なことですが、ロサンゼルスと異なり、ボーイング社はシアトルに孤立していてまわりに大きな航空機メーカーはありませんでしたから、給与水準が高くなくても引き抜きや転籍の心配がありませんでした。結果として従業員の帰属意識が高い会社となりました。

　§7で述べましたように、航空機メーカーは多くの下請企業を使います。部品が特殊になり複雑になると航空機メーカーがすべて作ることが難しくなり、専門知識を持った下請企業の力が不可欠です。さらに部品そのものが大きいのでそれらを航空機メーカー内で組み立てるとますます大きな敷地が必要になるので、下請企業に別の場所で作ってもらいます。それらの下請企業が近くにあれば運送費が節約できるとともに、下請企業と機体メーカーとの連携も密に行えて好ましいのですが、実際には部品は地元以外から調達しています。輸送費はかかっても特殊な能力のある下請企業を使います。軍用機では主契約企業が政治的支援を得たいがために、意図的に全米にわたって下請企業への発注をしています。最近はとくに、有力システムメーカーに一括外注するようになったので、部品メーカーと機体メーカーとの連携や地理的近接性はそれほど重視されません。ボーイング社はとくに地元企業からの部品調達はあまりなく、下請企業はカリフォルニアに多く存在していました。シアトルにとってボーイング社は産業連関の面よりも大きな雇用主として重要でした。ボーイング社の勤労者が消費を増加させてくれることが、地域経済に恩恵をもたらすのです。

　航空機メーカーがシステムの下請・外注を多用するようになると、下請企業は世界中に広がります。1960年代初めにB707のため、日本企業がギアボックスを生産していました。1964年に就航したB727では日本企業が厨房・化粧室に加え、蜂の巣型構造の胴体部分の生産も行いました。1978年から83年の時期に、ボーイング社は13カ国の170の下請外国企業を

使っています。B777では胴体の20％が日本製でした。

　B787「ドリームライナー」では、ボーイング社は世界中からの調達をより一層拡張しました。部品といっても、翼や胴体の一部など大きな部分が下請企業によって生産され、ボーイング社で組み立てられています。世界中の下請けメーカーで作られた大きな部品がシアトル近郊のボーイング社の工場に空輸されてきます。そのためにボーイング社はジャンボジェットを改装した貨物輸送機「ドリームキャリアー」を開発しました。他社に販売する予定はなく、ドリームライナー生産のための部品輸送だけが目的です。

　グローバル化は進んでいきますが、航空宇宙産業の場合、国防省に納品している限り、外国資本による支配には限界があります。その点で、自動車でビッグ3メーカーの一角であるクライスラーがドイツのダイムラーに買収される（のちに解消）ようなことは起こりにくいです。

Column 3　ロッキード事件

　「ロッキード事件」といっても学生の皆さんには歴史上の事件でしかないかもしれません。ここで概説しましょう。1972年に総理大臣に就任した田中角栄（田中真紀子元民主党衆議院議員の父親）は「今太閤」と呼ばれ国民的人気がありました。彼は非エリート階層から総理大臣まで昇りつめたので、太閤秀吉になぞらえられたのです。ところが、1974年には不透明な土地売買などの金脈疑惑から退陣に追い込まれ、「クリーン」なイメージの三木武夫が総理大臣になっていました。

　1976年2月4日、アメリカ上院の多国籍企業小委員会で、ロッキード社が1000万ドルを右翼活動家の児玉誉士夫や輸入代理店の丸紅などに渡したことが明らかになりました。2月6日には、ロッキード社副会長のコーチャン（Carl Kotchian）が丸紅を通して200万ドルを日本政府高官に渡したことを証言します。三木首相は真相究明を目指し、フォード（Gerald Ford）大統領に親書を送って資料提供を要求しました（これらの動きはのちの自民党内での「三木降ろし」につながります）。アメリカ側の関係者に対して刑事責任を問わないことを条件に証言を得て、6月から7月にかけて丸紅の関係者が逮捕され、7月27日には田中元首相も逮捕されました。1973年8月から1974年3月までに、トライスターを全日空（ANA）に売り込んだ報酬として5億円を受け取った容疑でした。8月には佐藤孝行元運輸政務次官や橋本登美三郎元運輸大臣も逮捕されました。さらに、11月には時効や職務権限外を理由に逮捕・起訴されなかった、いわゆる「灰色高官」も4人が公表されました。田中元首相は結局、有罪判決に対する控訴中の1993年に病死しますが、法務大臣を通してなんとか裁判への影響力を行使しようとしたことは、田中派による自民党国会議員の多数派工作をもたらすこととなり、弊害が生じました。田中自身は自民党を離党していましたが、配下の議員を通して自民党に影響力を与え続けたので、「闇将軍」と呼ばれました。

Column 4　FSX問題

　輸出や外国企業との技術提携はビジネスチャンスとして重要なのですが、相手に技術を教えてしまう恐れもあります。とくに軍用機での技術移転は安全保障の面でも問題になります。第2次世界大戦前、アメリカのメーカーが日本に輸出した旅客機はリバースエンジニアリング（分解して構造を調査すること）され、その技術が日本の軍用輸送機に活かされたといわれます。カーチス・ライト社の技術者は技術提携のもと、日米開戦の数カ月前まで中島飛行機の武蔵工場にいました。日本側の技術も知ることができましたが、アメリカの技術も伝わっていたわけです。

　戦後は同盟国として、日本は航空自衛隊が採用した機種をライセンス生産しています。ノースアメリカン社のF86セイバー、ロッキード社のF104スターファイター、マクダネル・ダグラス社のF4ファントムⅡならびにF15イーグルです。しかし、同盟国であっても技術移転が問題になることもあります。それがFSX問題でした。1980年代末に、航空自衛隊の次期戦闘機は日本が自主開発する予定でしたが、アメリカ側、とくに貿易摩擦に神経をとがらせていた議会が反対します。1987年7月にアメリカのF16をもとにした共同開発が提案され、1987年10月に合意に至り、議会は大いに喜びました。1988年11月には正式に共同開発の協定が調印されました。

　ところが、1989年になると、議会が今度は共同開発を通してアメリカの先端技術が日本企業にわたることを懸念し、アメリカ製の完成機の購入を主張し始めました。ブッシュ（父）（George H. W. Bush）政権内でも国防省と国務省は日米の同盟関係を重視して共同開発協定を尊重しますが、商務省と通商代表部が反対します。当時は自動車、半導体、コンピュータなどで、日本企業の国際競争力が高かったので、航空機でも競争相手になることが懸念されました。日本側は年度内の執行を目指していたので、懸案になっていた生産での分担40％をアメリカ側に任せる確約と、航空管制や火器管制のソースコード（アメリカが実戦のノウハウから得ていた貴重な情報）は日本側に開示しない、という点で譲歩しました。

　1989年5月、共同開発協定そのものに反対する上院のディクソン決議案、下院のゲッパード決議案が提出されました。ディクソン決議案が否決さ

れ、日米合意の協定の否定はなくなります。ところが、同日、商務省や会計検査院が進捗状況をチェックできるバード決議案が上院で可決され、同様のブルース決議案も下院で可決されました。軍事同盟である日米間の安全保障の案件に経済的利益を重視する商務省が関わることをブッシュ（父）大統領は懸念し、7月31日に拒否権を発動します。大統領は議会を通った法案に署名を拒否することで法案を成立させないことができます。これを拒否権というのですが、両院が3分の2を超えて再可決すれば拒否権を覆すことができます。9月13日に上院はバード決議案を再投票しますが、賛成66反対34でした。拒否権を覆すには1票足りずバード決議案は成立せず、FSXの共同開発・生産が正式に決定されました。

参考文献

本書はテキストブックですので、引用は行いませんでしたが、参考になる資料として単行本を中心にあげておきます。論文では山崎文徳氏の一連の研究が参考になります（検索してみてください）。

日本語文献

アーヴィング, C.（手島尚訳）（2000）『ボーイング747を創った男たち』講談社。
青木謙知（2004）『ボーイングvsエアバス』イカロス出版。
サッター, J., スペンサー, J.（堀千恵子訳）（2008）『747 ジャンボをつくった男』日経BP社。
西川和子（2008）『アメリカ航空宇宙産業』日本経済評論社。
ニューハウス, J.（石川島播磨重工広報部監修、航空機産業研究グループ訳）（1988）『スポーティーゲーム』学生社。
ハートウイング, W. D.（玉置悟訳）（2012）『ロッキード・マーティン 巨大軍需企業の内幕』草思社。
リーン, M.（清谷信一監訳、平岡譲・ユール洋子訳）（2000）『ボーイング vs エアバス 旅客機メーカーの栄光と挫折』アリアドネ企画。

英語文献

Alic, J. A. (2007) *Trillions for Military Technology*, New York: Palgrave.
Biddle, W. (2001) *Baron of the Sky*, Baltimore: The Johns Hopkins University Press.
Bilstein, R. E. (2001) *The Enterprise of Flight*, Washington, D.C.: Smithsonian Institution Press.
Bromberg, J. L. (1999) *NASA and the Space Industry*, Baltimore: Johns Hopkins University Press.
Lorell, M. A. (1995) *Bomber R&D Since 1945*, Santa Monica: RAND.
Lorell, M. A. (2003) *US Combat Aircraft Industry 1909-2000*, Santa Monica: RAND.
Markusen, A., Hall, P., Cambell, S., and Deitrick, S. (1991) *The Rise of the Gunbelt*, New York: Oxford University Press.
Meulen, J. V. (1991) *The Politics of Aircraft*, Lawrence: University Press of Kansas.
Newhouse, J. (2008) *Boeing Versus Airbus*, New York: Vintage Books.
Pattillo, D. M. (2000) *Pushing the Envelope: the American Aircraft Industry*, Ann Arbor: The University of Michigan Press.
Vincenti, W. G. (1990) *What Engineers Know and How They Know It*, Baltimore: The Johns Hopkins University Press.

著者略歴

宮田由紀夫（みやた　ゆきお）

1960年	東京生まれ
1983年	大阪大学経済学部卒業
1987年	University of Washington (Seattle) 工学部（材料工学科）卒業
1989年	Washington University (St. Louis) 工業政策学研究科修了
1994年	同経済学研究科修了（経済学 Ph.D.）

大阪商業大学、大阪府立大学勤務を経て現在、関西学院大学国際学部教授。

専　　門　産業組織論、アメリカ経済論、アメリカ科学技術政策論
主な著作　『アメリカの産学連携』東洋経済新報社、2002年。
　　　　　『プロパテント政策と大学』世界思想社、2007年。
　　　　　『アメリカにおける大学の地域貢献』中央経済社、2009年。
　　　　　『アメリカのイノベーション政策』昭和堂、2011年。
　　　　　『米国キャンパス「拝金」報告』中央公論新社、2012年。
　　　　　『アメリカの産学連携と学問的誠実性』玉川大学出版部、2013年。

K.G. りぶれっと No. 35

アメリカ航空宇宙産業で学ぶミクロ経済学

2013年10月10日 初版第一刷発行

著　者　宮田由紀夫

発行者　田中きく代
発行所　関西学院大学出版会
所在地　〒662-0891
　　　　兵庫県西宮市上ケ原一番町1-155
電　話　0798-53-7002

印　刷　協和印刷株式会社

©2013 Yukio Miyata
Printed in Japan by Kwansei Gakuin University Press
ISBN 978-4-86283-148-4
乱丁・落丁本はお取り替えいたします。
本書の全部または一部を無断で複写・複製することを禁じます。

関西学院大学出版会「K・G・りぶれっと」発刊のことば

大学はいうまでもなく、時代の申し子である。

その意味で、大学が生き生きとした活力をいつももっていてほしいというのは、大学を構成するもの達だけではなく、広く一般社会の願いである。

研究、対話の成果である大学内の知的活動を広く社会に評価の場を求める行為が、社会へのさまざまなメッセージとなり、大学の活力のおおきな源泉になりうると信じている。

遅まきながら関西学院大学出版会を立ち上げたのもその一助になりたいためである。

ここに、広く学院内外に執筆者を求め、講義、ゼミ、実習その他授業全般に関する補助教材、あるいは現代社会の諸問題を新たな切り口から解剖した論評などを、できるだけ平易に、かつさまざまな形式によって提供する場を設けることにした。

一冊、四万字を目安として発信されたものが、読み手を通して〈教え—学ぶ〉活動を活性化させ、社会の問題提起となり、時に読み手から発信者への反応を受けて、書き手が応答するなど、「知」の活性化の場となることを期待している。

多くの方々が相互行為としての「大学」をめざして、この場に参加されることを願っている。

二〇〇〇年　四月